基礎から学ぶ
Xamarin ザマリン プログラミング

西村 誠 ● 著

C&R研究所

■権利について
- 本書に記述されている社名・製品名などは、一般に各社の商標または登録商標です。
- 本書ではTM、©、®は割愛しています。

■本書の内容について
- 本書は著者・編集者が実際に操作した結果を慎重に検討し、著述・編集しています。ただし、本書の記述内容に関わる運用結果にまつわるあらゆる損害・障害につきましては、責任を負いませんのであらかじめご了承ください。
- 本書で紹介している操作の画面は、Windows 10とVisual Studio 2017 Communityエディション、macOS Sierraを基本にしています。他の環境では、画面のデザインや操作が異なる場合がございますので、あらかじめご了承ください。
- 本書は2017年6月現在の情報で記述しています。

■サンプルについて
- 本書で紹介しているサンプルは、C&R研究所のホームページ(http://www.c-r.com)からダウンロードすることができます。ダウンロード方法については、4ページを参照してください。
- サンプルデータの動作などについては、著者・編集者が慎重に確認しております。ただし、サンプルデータの運用結果にまつわるあらゆる損害・障害につきましては、責任を負いませんのであらかじめご了承ください。
- サンプルデータの著作権は、著者およびC&R研究所が所有します。許可なく配布・販売することは堅く禁止します。

●本書の内容についてのお問い合わせについて

この度はC&R研究所の書籍をお買い上げいただきましてありがとうございます。本書の内容に関するお問い合わせは、「書名」「該当するページ番号」「返信先」を必ず明記の上、C&R研究所のホームページ(http://www.c-r.com/)の右上の「お問い合わせ」をクリックし、専用フォームからお送りいただくか、FAXまたは郵送で次の宛先までお送りください。お電話でのお問い合わせや本書の内容とは直接的に関係のない事柄に関するご質問にはお答えできませんので、あらかじめご了承ください。

〒950-3122 新潟県新潟市北区西名目所4083-6　株式会社 C&R研究所　編集部
FAX 025-258-2801
「基礎から学ぶ　Xamarinプログラミング」サポート係

PROLOGUE

　本書はXamarinの基礎について書かれている書籍です。

　XamarionはiPhoneやiPadといったiOSとAndroidのアプリケーションをC#で作ることができる、いわゆるクロスプラットフォーム開発ツールです。もともとは有償の製品でしたが、2016年にVisual Studioに組み込まれることで学習用途や小規模な開発などで無償で利用を始めることができるようになりました(詳しくはVisual Studioの規約によります)。

　Xamrinを利用するとクロスプラットフォーム開発でコードの共有化が可能になり、効率良い開発が可能になります。

　同時にiOSやAndroid、本書では対象としておりませんがMacやWindowsでも動かすアプリケーションを開発する場合、それぞれの知識が必要になり開発の敷居が高い面もあります。

　また、登場から素早い機能追加やバージョンアップを行っており、情報がすぐに古くなってしまう懸念もあります。本書も執筆の開始から、ここまで新しい機能やツールに合わせて何度か書き直しを重ねています。

　本書でも「基礎から」というタイトルの通り、基本的な事項から始めて、どこまで書くかで非常に悩みました。Xamarinの素早いアップデートに何度も記事の更新を行いました。

　このような理由から、執筆の開始から、本書出版までに普段以上の月日を費やしてしまいましたが、この本がXamarinを学ぶ一助になれば幸いです。

　最後に、なかなか進まない筆にお付き合いいただきましたC&R研究所の吉成様、技術的なアドバイスをいただきました中倉様に謝辞を申し上げます。

2017年6月

西村 誠

本書について

▎▎▎対象読者について

　本書は、プログラミング言語での開発経験がある方を読者対象としています。本書では、プログラミング言語そのものの基礎知識ついては解説を省略しています。C#の基礎についても必要最低限の解説になっていますので、あらかじめ、ご了承ください。

▎▎▎本書の動作環境について

　本書では、下記の環境で執筆および動作確認を行っています。

- OS：Windows 10およびmacOS Sierra
- IDE：Visual Studio 2017 Communityエディション
    （一部Enterpriseエディションを利用）

▎▎▎サンプルコードの中の▼について

　本書に記載したサンプルコードは、誌面の都合上、1つのサンプルコードがページをまたがって記載されていることがあります。その場合は▼の記号で、1つのコードであることを表しています。

▎▎▎サンプルファイルのダウンロードについて

　本書で紹介しているサンプルデータは、C&R研究所のホームページからダウンロードすることができます。本書のサンプルを入手するには、次のように操作します。

❶ 「http://www.c-r.com/」にアクセスします。
❷ トップページ左上の「商品検索」欄に「224-2」と入力し、[検索]ボタンをクリックします。
❸ 検索結果が表示されるので、本書の書名のリンクをクリックします。
❹ 書籍詳細ページが表示されるので、[サンプルデータダウンロード]ボタンをクリックします。
❺ 下記の「ユーザー名」と「パスワード」を入力し、ダウンロードページにアクセスします。
❻ 「サンプルデータ」のリンク先のファイルをダウンロードし、保存します。

サンプルのダウンロードに必要な
ユーザー名とパスワード
ユーザー名　`xmrn`
パスワード　`mk224`

※ユーザー名・パスワードは、半角英数字で入力してください。また、「J」と「j」や「K」と「k」などの大文字と小文字の違いもありますので、よく確認して入力してください。

▎▎▎サンプルファイルの利用方法について

　サンプルはZIP形式で圧縮してありますので、解凍後、拡張子「.sln」のプロジェクトファイルをVisual Studioで開いてお使いください。

CHAPTER 01

Xamarinの概要

- 001 Xamarinの概要 …………………………………………… 10
- 002 開発環境の構築 …………………………………………… 13
- 003 Visual Studioの基礎 …………………………………… 21
- 004 C#の基礎 …………………………………………………… 28

CHAPTER 02

Xamarin.iOSの基礎

- 005 Xamarin.iOSの概要 ……………………………………… 40
- 006 Xamarin.iOSでHello World …………………………… 48
- 007 カスタマイズを行う ……………………………………… 64
- 008 Xcodeから実機でデバッグする ………………………… 70
- 009 Visual Studioから実機でデバッグする ……………… 76

CHAPTER 03

Xamarin.Androidの基礎

- 010 Xamarin.Androidの概要 ………………………………… 84
- 011 Xamarin.AndroidでHello World ……………………… 85
- 012 カスタマイズを行う ……………………………………… 95
- 013 カメラ機能の利用 ………………………………………… 100

CONTENTS

CHAPTER 04
Xamarin.Formsの基礎

- 014 Xamarin.Formsの概要 …………………………………… 106
- 015 Xamarin.FormsでHello World …………………………… 107
- 016 カスタマイズを行う ……………………………………… 117

CHAPTER 05
XAML

- 017 XAMLの基礎 ……………………………………………… 124
- 018 データバインディング …………………………………… 128
- 019 Xamarin.Formsのコントロール ………………………… 137

CHAPTER 06
iOSとAndroidで作り分ける

- 020 画面を作り分ける ………………………………………… 160
- 021 コードを作り分ける ……………………………………… 170

CHAPTER 07
MVVMで作る

- 022 MVVMの概要と導入 ……………………………………… 176
- 023 Prismの実装その1 ……………………………………… 182
- 024 Prismの実装その2 ……………………………………… 189

025 Prismの実装その3 ……193

CHAPTER 08

便利な機能とエラーへの対処法

026 Visual Studioの上位エディションで
　　　利用できる機能とプレビュー版の機能について ……200
027 エラーが出る場合の対処法 ……203

COLUMN

- ▶さまざまなクロスプラットフォーム開発ツール …… 12
- ▶Mono …… 12
- ▶次回以降、Visual Studioを起動するには …… 19
- ▶インストール内容の変更 …… 19
- ▶Microsoftの支援プログラム …… 20
- ▶UWPもXamarin.Forms対応 …… 27
- ▶ViewController.csとViewController.designer.cs …… 63
- ▶Visual Studio Emulator for Android …… 94

●索引 ……205

CHAPTER 01
Xamarinの概要

SECTION-001

Xamarinの概要

ここでは、Xamarinの概要について説明します。

Xamarinとは

XamarinはMicrosoft社のプログラミング言語C#を用いて、iPhone、iPadなどのiOS（およびmacOS）、Androidで動作するアプリケーションを作成することができる開発ツールです。

Xamarinのように1つの技術でiOSやAndroidなどの複数のプラットフォームにアプリケーションを開発することをクロスプラットフォーム開発といいます。

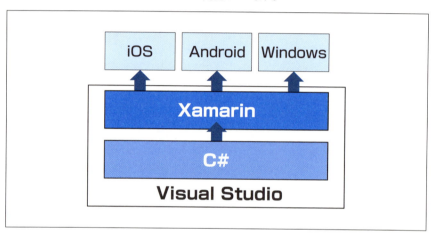

クロスプラットフォーム開発

先述のiOS、Androidの開発に加えて、C#とその開発環境（IDE）のVisual Studioを利用することでWindows用のアプリケーションを作成することもできます。

クロスプラットフォーム開発の利点は、1つのプログラミング言語で複数のプラットフォームに対応したアプリケーションを作成できる点と、そのことによるコードの共通化があります。コードを共通化することによって、iOS、Androidで別々のコードを描く必要がなく、開発コスト、修正のコストを削減することができます。

共有化する部分については大きく、画面の定義と、プログラミングコードの2つに分けられます。Xamarinには画面の定義とコードの両方を共有できる方法と、画面の定義はiOS、Android従来の方法をとりながらコードを共有化するという2つの方法が選べます。

ネイティブとマルチプラットフォーム

クロスプラットフォームと比較した各プラットフォーム従来の開発方法をネイティブ開発と呼びます。

iOS用のアプリケーションであればObjective-CまたはSwift、AndroidであればJavaという言語で開発することをネイティブ開発といいます。

プラットフォーム	iOS	Android
開発環境	Xcode	Android Studio
言語	Objective-CまたはSwift	Java
UIの定義方法	Storyboardなど	xml

クロスプラットフォーム開発とネイティブ開発を比較した際、クロスプラットフォーム開発の利点は先述の通り、コードを共通化できる点です。この際、共通化できる部分を大きく、画面とコード（ロジック）に分類するとXamarinは2つの開発方法をとることができます。Xamarin.Formsでは画面とロジックを共有でき、Xamarin.iOSとXamarin.Androidを用いればコード部分を共有できます。

ネイティブ開発の利点は、本家開発手法であることからも開発者の人口やドキュメント、書籍などが十分にそろっている点があります。

XamarinはAPI対応100%

多くのマルチプラットフォーム開発ツールはiOS、Androidのバージョンが上がり、ソフトウェア開発キット（SDK）が更新されても、それに追随するのに時間がかかりました。Xamrinの場合、iOSであればほぼ同日、Androidの場合は1ヵ月から3ヵ月という対応実績があります。これはXamarinがiOS、AndroidのAPIをC#用に書き換えたものだからです。このことによりAPI対応100%、即時の新SDK対応、パフォーマンスの維持という恩恵を受けることができます。

Xamarin.iOS、Xamarin.Android

Xamarin.iOS、Xamarin.Androidでは、コードはC#、画面はネイティブの開発手法で作ります。iPhoneであれば画面はstoryboard、Androidはxml形式で画面を定義していきます。

そのため、既存のアプリケーションの移植を考えた場合に画面はそのまま移植できるという利点があります。しかし、マルチプラットフォームの利点である共有はコードのみとなります。

なお、Xamarin.iOSとXamarin.Androidの2つを合わせてXamarinネイティブもしくはネイティブUIと表現することもあります。

Xamarin.Forms

Xamarin.Formsでは、iOS、Androidともに画面を「XAML」というWPFやUniversal Windows Platform（UWP）で用いる画面定義の方法を用いて定義するため、画面とコードを共有することができます。その分、iOSとAndroidで大きく異なる画面や動きをさせたい場合はノウハウが必要になります。

仕組みとしては、Xamarin.Formsのコントロールはビルド後にそれぞれのプラットフォームのコントロールに置き換えられます。たとえば、Xamarin.Formsの文字を表示するためのLabelというコントロールは、iOSでは同様の機能を持つUILabelに、AndroidではTextViewに置き換えられるという具合です。そのため、Lableコントロールで利用できる機能はiOS、Androidの該当するコントロールの共通した機能に限られます。

Xamarinの開発環境

Xamarinの開発はMac上とWindows上で行うことができます。ただし、iOSの開発にはMacが必要となります。

Mac上でXamarinを利用する場合は、Visual Studio for Macが、Windows上で開発する場合はVisual Studioが必要になります。

開発環境	Visual Studio
言語	C#
UIの定義方法	Xamarin.Formsの場合はXAML、Xamarinネイティブの場合はxmlまたはStoryboard

---

COLUMN　さまざまなクロスプラットフォーム開発ツール

クロスプラットフォーム開発を可能にするツールは、Xamarinの他にも、HTMLとJavaScriptというWebの技術を用いて開発できるCordovaやDelphiなどがあります。

また、ゲーム開発の分野ではC#でクロスプラットフォーム向けのゲームが作成できるUnityも有名です。

COLUMN　Mono

C#は.NET Frameworkという仕組みの上で動かす言語であり、.NET FrameworkはWindowsおよびMicrosoftの製品で動作する技術でした。

それをMacやLinuxで動作させるためのツールにMonoというものがあります。Monoの開発者がその後、作成したのがXamarinです。

Xamarinはもともと製品と同名のXamarin社の有償商品でしたが、Microsoftが2016年にXamarin社を買収したことによりXamarinは無償で利用できるようになりました。

SECTION-002

開発環境の構築

Xamarinの開発に必要な環境構築の方法を紹介します。本書はWindows版のVisual Studio 2017 Communityエディションを利用して開発することを想定しています。

Visual Studio 2017 Communityエディション

Visual Studio 2017は2017年の3月8日に提供された統合開発ツール（IDE）です。Visual Studio 2017にはいくつかのエディションがありますが、今回は無償で利用できるCommunityエディションを利用します。なお、以降、Visual Studioと表記する場合は、Visual Studio 2017 Communityを指すものとします。

エディション	説明
Visual Studio 2017 Community	Professionalとほぼ同等の機能が利用できる無償のエディション
Visual Studio 2017 Professional	Communityエディション+複数人でのチーム開発の追加機能
Visual Studio 2017 Enterprise	すべての機能を備えた最高位のエディション

エディション別の機能については次のURLを参考にしてください。

- Compare Visual Studio 2017 Offerings
  - URL https://www.visualstudio.com/ja/vs/compare/

Visual Studio 2017 Communityが利用できる条件

Visual Studio 2017 Communityは無償のツールですが、どんな場合でも利用できるわけではありません。個人や企業でも学習用途（本書を読みながらXamarinの勉強をするような場合）には利用可能ですが、企業でアプリケーション開発に利用する場合などは次のURLにある「ご利用について」を確認してください。

- Visual Studio 2017 Community
  - URL https://www.visualstudio.com/ja/vs/community/

Visual Studio 2017 Communityで利用できる機能

Visual Studio 2017 CommunityではXamarinの全機能を利用できるわけではありません。一部利用できない機能があります。

たとえば、Visual Studio 2017 CommunityではXamarin Profilerという機能が利用できず、利用するためにはEnterpriseエディションが必要になります。Xamarin Profilerを利用すればアプリケーションの負荷やメモリ使用量をチェックすることができ、アプリケーションのパフォーマンスが優れない場合などに便利です。

このように一部の制限がありますが、作成されるアプリケーションで使えない機能があるというわけではありません。開発する上で便利な機能が制限されるという程度で、EnterpriseエディションでもCommuityエディションでも同様のアプリケーションが作成可能です。

Xamarinは無償で利用可能

Xamarinは過去、実質有償(無償で利用する場合はアプリケーションのサイズ制限などがあった)のツールでしたが、Microsoft社が開発元のXamarin社を買収することでVisual Studioに組み込まれました。

そのため、Visual Studio 2017 Communityという無償のエディションでXmarinを利用する場合は無償でXamarinも利用可能になりました。Visual Studio Communityの利用条件については先述の「Visual Studio 2017 Communityが利用できる条件」を参照ください。

Visual Studioをインストールする

ここでは、Visual Studioのインストール方法を説明します。

▶ Visual Studioのダウンロード

次のURLを開き、ページ左のVisual Studio 2017 Communityの欄の[無償ダウンロード]ボタンをクリックします。

- ダウンロード | IDE、Code、Team Foundation Server | Visual Studio
  URL https://www.visualstudio.com/ja/downloads/

クリックすると、ファイル「vs_community__1699315567.1493230283.exe」がダウンロードされるので、ダウンロード終了後、ダブルクリックでインストーラーを起動します。なお、ファイル名の数字は異なる可能性があります。

▶ Visual Studioのインストール

インストーラーを起動するとライセンス条項の同意が求められます。同意する場合は［続行］ボタンをクリックします。

インストール内容を選択するウィンドウが表示されます。

スクロール後に表示される［.NETによるモバイル開発］をONにし、右下の［インストール］ボタンをクリックします。

インストールが開始されるので、終了するまでしばらく待ちます。

▶ Visual Studioの起動

インストール完了後、[起動]ボタンをクリックすることでVisual Studioを起動することができます。

最初に起動すると「ようこそ。開発者サービスをご利用ください。」というウィンドウが表示されます。開発者サービスとはMicrosoftアカウントでログインすることで、受けることができるさまざまな便利機能です。たとえば、別のPCにインストールされたVisual Studioと設定を同期できたり、Azureなどのオンラインサービスと同じアカウントであれば連携が取れるなどがあります。

開発者サービスを利用しない場合はウィンドウ下部の「後で行う。」をクリックすることで次に進むことができます。また、後からサインインすることで開発者サービスを利用することもできます。

ここでは、開発者サービスを利用することにします。[サインイン(I)]ボタンをクリックします。

Microsoftアカウントでのサインインが求められるので、メールアドレスを入力します。

パスワードを入力し、[サインイン]ボタンをクリックします。

Visual Studioが起動し、スタートページが表示されました。

| COLUMN | 次回以降、Visual Studioを起動するには |

今回はインストーラーの画面からVisual Studioを起動しましたが、次回以降はスタートメニューから起動することができます。素早く起動するためにショートカットをデスクトップやタスクバーに追加しておくのもよいでしょう。

| COLUMN | インストール内容の変更 |

今回、ダウンロードしたインストーラーを利用して、インストール内容を変更することができます。今後、別の開発機能を利用したい場合などは、インストーラーを起動し、[変更]ボタンをクリックすることで新しい機能を追加したり、不要な機能を削除することができます。

> **COLUMN** Microsoftの支援プログラム
>
> 　Microsoftでは、学生やスタートアップ向けに支援プログラムを提供しています。条件に当てはまる場合は利用を検討してもよいでしょう。
> 　学生向けの支援プログラムには、「Microsoft Imagine」があります。この支援プログラムでは、Visual Studio CommunityやクラウドサービスのMicrosoft Azureなどが無償で利用可能になります。
> - Microsoft Imagine
>   - **URL** https://www.microsoft.com/ja-jp/education/imagine-students.aspx
>
> 　「マイクロソフト スタートアップ支援」は、創業5年以内のスタートアップであればVisual Studio 2017 EnterpriseやMicrosoft Azureなどが1年間、無償で利用可能になる支援プログラムです。
> - マイクロソフト スタートアップ支援
>   - **URL** https://www.microsoft.com/ja-jp/startups/

SECTION-003

Visual Studioの基礎

ここでは、Visual Studioの基礎を簡単に説明します。

■ プロジェクトの作成

それではVisual Studioを用いて、アプリケーションを作成するためのプロジェクトを作成してみましょう。

Visual Studio上部のメニューから[ファイル(F)]→[新規作成(N)]→[プロジェクト(P)]を選択します。

「新しいプロジェクト」ポップアップウィンドウが表示されます。

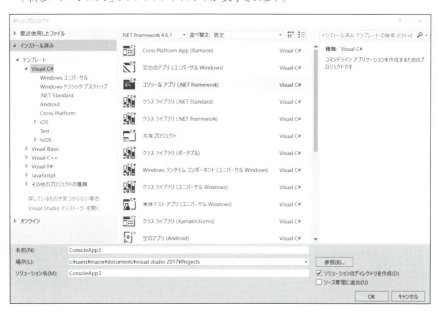

■ SECTION-003 ■ Visual Studioの基礎

　左側のナビゲーションから「インストール済み」→「テンプレート」→「Visual C#」を展開し、「Cross-Platform」を選択します。

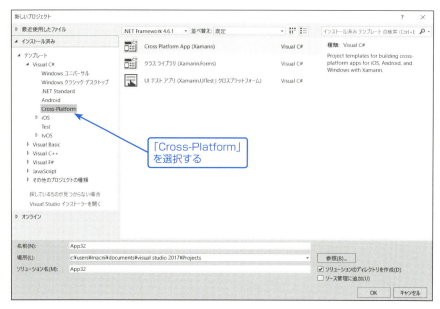

　中央の一覧から「Cross Platform App（Xamarin）」を選択します。ウィンドウ下部の［名前（N）］に「FirstXamarinProject」と入力し、ウィンドウ右下の［OK］ボタンをクリックします。

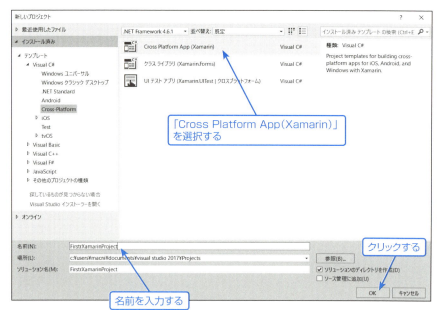

続いて、Xamarinネイティブで作成するか、Xamarin.Formsを利用するかなど細かい設定を行います。

「New CrossPlatform App」ポップアップウィンドウが起動するので、[テンプレートの選択]は「空のアプリ」を選択します。[UIテクノロジ]は[Xamarin.Forms]をONにし、[コード共有方法]は[ポータブルクラスライブラリ(PCL)]をONにして、右下の[OK]ボタンをクリックします。

「Xamarin Mac Agentの指示」というXamarinでiOSアプリケーションを作成する場合などに、Macと接続する方法を説明するポップアップウィンドウが表示された場合は、ウィンドウ右上の[×]ボタンをクリックしてください。今はMacに接続する必要はありません。この説明は上部メニューの[ツール(T)]→[iOS]→[Xamarin Macエージェント(M)]で再度表示することができます。

■ SECTION-003 ■ Visual Studioの基礎

　「Xamarin Mac Agent」ポップアップウィンドウもウィンドウ右上の[×]ボタンか右下の[閉じる]ボタンで今は閉じます。この画面は接続先のMacを選択する画面なので、後ほど設定します。

　これでプロジェクトが作成されました。次は、作成したプロジェクトをもとにVisual Studioの基本的な画面構成を説明します。

■ SECTION-003 ■ Visual Studioの基礎

Visual Studioの画面構成

　プロジェクト作成直後のVisual Studioをもとに、主だったウィンドウの紹介をします。Visual Studioは自由にウィンドウの配置を変更可能なため、お使いの環境によっては本書の画面と異なる場合があります。

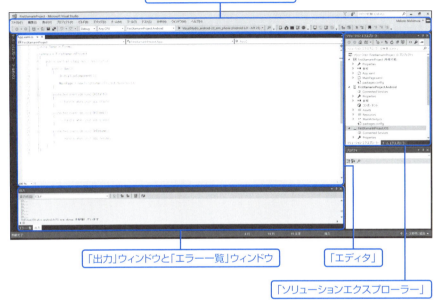

▶ 上部「メニューバー」&「ツールバー」

　これまで上部メニューと説明してきた部分がメニューバーです。メニューバーの下にあるアイコンが並んでいる部分がツールバーです。

　メニューバーからはプロジェクトの作成や、デバッグ、ビルドなど主だった機能を利用できます。

　ツールバーはプロジェクトの保存やデバッグなどを行うことが可能なほか、ボタンを追加削除するようなカスタマイズも可能です。

25

▶ 中央「エディター」

XAMLやC#のコードを表示するウィンドウです。コードの修正もここから行います。

▶ 右側「ソリューションエクスプローラー」

プロジェクトで利用するXAMLファイル(拡張子が.xaml)や、C#のコードが書かれたファイル(拡張子が.cs)、画像などの素材ファイル、プロジェクトで参照しているライブラリ(.dll)などのプロジェクト構成要素を表示するウィンドウです。

「ソリューション」は開発の1つの単位で、複数のプロジェクトを保有することができます。

今回の場合、最上部の「ソリューション'FirstXamarinProject'(3 プロジェクト)」と書かれた行の「FirstXamarinProject」がソリューション名で、3つのプロジェクトを内包していることを示しています。

続く「FirstXamarinProject(移植可能)」がiOS、Androidで共有するプロジェクトです。今回はポータブルクラスライブラリ(PCL)という仕組みで作成したのでPCLを表す「移植可能」と表示されています。もう一方の共有プロジェクトで作成した場合は、表示されません。

「FirstXamarinProject.Android」がAndroid用のプロジェクト、「FirstXamarinProject.iOS」がiOS用のプロジェクトです。

▶下部「出力」&「エラー一覧」

「出力」ウィンドウはビルドやデバッグ時のログが出力されます。開発中にエラーがあった場合には「エラー一覧」ウィンドウにその内容が表示されます。

ここで紹介した以外にもVisual Studioにはさまざまなウィンドウがあります。それらは、必要になった箇所で随時、解説します。

COLUMN　UWPもXamarin.Forms対応

　Visual StudioインストールにUWP（Universal Windows Platform）開発の機能も追加した場合、Xamarin.Formsのプロジェクトを作成した時点でUWP用のプロジェクトも作成されます（108ページ参照）。

SECTION-004

C#の基礎

C#以外のプログラミング経験者向けに簡単に、C#の文法や、他の言語にはない記法、機能について解説します。他言語の習得者向けであるため、C#を基礎から学びたい方は別途Webや書籍を参考にしてください。

▍C#は静的型付け言語

C#は静的型付け言語です。基本的に変数の宣言やメソッド定義の引数や戻り値には型の指定が必要になります。

```
// int型の変数intValueを宣言し、初期化する
int intValue = 3;


// int型の引数intValueを受け取り、int型の値を返すメソッド
public int SomeMethod(int intValue)
{
    return intValue * 2;
}
```

以下にC#の代表的な型をいくつか紹介します。

▶int型、uint型

int型、uint型は、整数を扱うことができる型です。uint型は整数でも負の数は扱いません。

```
int intValue = 300;
intValue = -200;


uint uintValue = 400;


// uintは負の数を扱えないので以下のコードはエラーになる
uintValue = -30;
```

▶double型、float型

double型、float型は、小数点も含めた数字を扱います。数値を指定する場合それぞれの末尾に「d」または「f」をつけます。

```
// double型は数値の後にdをつける
double doubleValue = 3.4d;


// float型は数値の後にfをつける
float floatValue = 4.5f;
```

doubleはfloatより扱える範囲が少ないですが、有効桁数は15から16桁とfloatより多い変数です。float型はdoubleより扱える範囲は多いですが、有効桁数は7です。

▶string型、char型

　string型は文字列を、char型は文字を扱います。それぞれ「"」(ダブルクォート)と「'」(シングルクォート)で文字を囲みます。これらの文字を文字列リテラル、文字リテラルといいます。

```
string stringValue = "文字列";

char charValue = '文';
```

▶bool型

　bool型は真偽値を扱い、「true」または「false」の値を持ちます。

```
// bool型は真偽値を持つ
// 真偽値は後述する制御構文で利用する
bool boolValue = true;
```

▶object型

　object型はすべての型の基底となる型です。そのため、object型はすべての型を代入することができますが、値を取り出す際はキャストを行う必要があります。

```
// object型はすべての型の基底クラスなので代入が可能
object objectValue = 4;
```

```
// object型の変数の中身を取り出す場合は正しい型をキャストで教える必要がある
int intValue = (int)intValue;
```

　object型は代入、取り出しにコストがかかり、型を活かした静的型付け言語の利点を損なうので必要な場合のみ利用してください。

　たとえば、後述するイベントハンドラーはイベントが発生した対象を引数として渡しますが、イベントが発生した対象の型が未定なので、object型で渡されます。

```
// ボタンが押された際に発生するイベントハンドラーの例
// 第1引数はイベントが発生した対象が渡されるが、未定なのでobject型として渡される渡される
// 取り出す場合はキャストが必要になる
private void Button_Clicked(object sender, EventArgs e)
{
    Button button = (Button)sender;
}
```

キャスト

変数の型を指定します。キャストは変数の前に「()」で型名を指定します。キャストする型が誤っている場合、例外がスローされます。

```
// object型にint型の値を代入
object objectValue = 4;
```

```
// (int)と文頭に書くことでint型にキャストする
int intValue = (int)objectValue;
```

型推論

型名が右辺などから自明な場合、型推論を利用できます。型推論は後述するdynamicとは異なり、推測された型の変数です。

```
// 右辺が整数なので、型推論を用いてintValueはint型に決定する
var intValue = 4;
```

```
// int型の変数なので他の型を代入できない
// 以下のコードはエラーになる
intValue = "文字列";
```

dynamic

部分的にdynamicキーワードを用いて動的な型を扱うこともできます。

```
// 型名の代わりにdynamicを指定する
dynamic dynamicValue = 3;
```

```
// 動的な型なので他の型の値も代入できる
dynamicValue = "動的な変数";
```

配列、コレクション

同じ型の複数の型をまとめたものを配列やコレクションとして扱うことができます。配列やコレクションは後述する繰り返し処理で扱う場合に便利です。

```
// int型の配列を用意する
int[] intArray = new int[] {1, 2, 3, 4};
```

```
// コレクションのListを利用する
List<int> intList = new List<int>() { 1, 2, 3, 4 };
```

```
// Listは配列に似ているが後から要素を増やすことが容易
intList.Add(5);
```

クラスの記法

C#はオブジェクト指向言語です。組み込み型も含めすべての型がobject型を継承しています。クラスの記法は次の通りです。

```
// using句
// 利用するクラスの名前空間を指定する
using System;
using System.Collections.Generic;
using System.Linq;
using System.Text;
using System.Threading.Tasks;

// 名前空間
namespace App14
{
    // クラス
    class Class1
    {
        // フィールド
        private int intfield;

        // プロパティ
        private int intProp { set; get; }

        // メソッド
        public int SomeMethod(int tmpIntValue)
        {
            return tmpIntValue * 2;
        }
    }
}
```

▶ using句

using句では、ファイル内で利用する機能を宣言します。「using System;」であればプロジェクトに追加されている参照可能なライブラリからSystem名前空間のものを利用することができます。参照可能なライブラリは、ソリューションエクスプローラーの「参照」から確認できます。

もし、利用したいライブラリが参照にない場合は追加する必要があります。参照に追加されている場合はusing句に追加することで利用可能になります。

▶ クラス名

クラス名はclassキーワードの右隣りに記述します。

▶ フィールドおよびプロパティ

クラスの変数はフィールドと呼ばれます。また、getとsetを持ったプロパティも利用可能です。外部に公開する場合はフィールドではなく、プロパティで実装するのがよいとされています。

■ SECTION-004 ■ C#の基礎

▶ メソッド

クラスの関数はメソッドと呼ばれます。メソッドは複数の引数を受け取ることができ、1つの返り値を返します。

▶ 公開範囲

クラス、フィールド、プロパティ、メソッドはそれぞれ公開範囲を持ちます。公開範囲はpublic、protected、private、internal、protcted internalの5種類があります。

公開範囲	説明
public	アクセスに制限はない
protected	そのクラスないし、継承したクラスのみアクセス可能
private	そのクラスからのみアクセス可能
internal	アセンブリ内でのみアクセス可能。dllなどを作成する場合に、dllを利用するクラスから使われたくない場合などに利用する
protected internal	アセンブリ内または継承したクラスからアクセス可能

変数とフィールド

C#の変数はメソッド内で宣言されたローカル変数と、クラスが持つ変数（これをフィールドと呼びます）の2つがあります。

```
class SampleClass
{
    // クラスの持つ変数をフィールドという
    private string stringFeeld = "クラスのフィールド";

    public void someMethod()
    {
        // メソッド内で宣言された変数はローカル変数といって、メソッド内でのみアクセス可能
        string localString = "ローカル変数";
    }

    public void anotherMethod()
    {
        stringFeeld = "フィールドはメソッドからアクセス可能";

        // ローカル変数へのアクセス
        // 以下のコードはエラーになる
        localString = "別のメソッドで宣言されたローカル変数にはアクセスできない";
    }
}
```

プロパティ

フィールドをクラスの外部に公開する場合はpublicなフィールドを用意するのではなくプロパティを利用した方がよいでしょう。

```
class SampleClass
{
    // フィールドはprivate
    private string stringFeeld = "クラスのフィールド";

    // フィールドを公開する場合はプロパティを使う方がよい
    public string stringProperty
    {
        // getはstringPropertyから値を取得する際に呼び出される処理
        get { return stringFeeld; }

        // setはstringPropertyに値を代入する際に呼び出さる処理
        set { stringFeeld = value; }
    }
}

// SampleClassのプロパティを利用する側のクラス
class UseClass
{
    public void someMethod()
    {
        SampleClass sample = new SampleClass();

        // プロパティから値を取り出す際はgetの処理が実行される
        string propertyValue = sample.stringProperty;

        // プロパティに値を代入する際にはsetの処理が実行される
        sample.stringProperty = "プロパティにアクセスする";
    }
}
```

■ メソッド

　メソッドは複数の値を引数として受け取り、1つの値を戻り値として返します。次のコードは2つの整数値を受け取り、1つの整数を返すメソッドです。

```
class SampleClass
{
    // 2つのint型の引数を受け取り、1つのint型の値を返すメソッド
    public int someMethod(int a, int b)
    {
        // 2つの引数の値を足し算して返す
        return a + b;
    }
}
```

■ 継承

　C#の継承はクラス名の右に「:」で区切って継承したいクラスを記述します。

```
// BaseClassを継承するSomeClassの記述
class SomeClass :  BaseClass
```

　インターフェイスの実装も同様です。

```
// IClassインターフェイスを実装するSomeClassの記述
class SomeClass : IClass
```

■ 属性

　属性はC#の言語仕様にない機能を追加することができます。Xamarinでは属性を利用した機能が多くあります。

　属性は名前空間、クラス名、フィールド、メソッドなどの上に「[]」を利用して記述します。たとえば、単体テスト用のクラスでは次のように属性が使用されています。

```
namespace UnitTestLibrary1
{
    // 属性を用いて単体テスト用のクラスであることを示している
    [TestClass]
    public class UnitTest1
    {
        // 単体テスト用のメソッドであることを示している
        [TestMethod]
        public void TestMethod1()
        {
        }
    }
}
```

例外

プログラム側でエラーが発生した場合、例外がスローされます。

```
// プログラム側からエラー発生した場合に例外をスローする処理
throw new Exception();
```

例外がスローされた場合、try-catchを用いて例外を受け止めます。

```
try
{
    // 例外を発生させる
    throw new Exception();
}
catch(Exception e)
{
    // ここに例外が発生した場合の処理を書く
}
```

条件分岐

条件によって処理を分けたい場合は条件分岐を利用します。

▶ if文

プログラムで「もし〜の場合」といった分岐を行いたい場合はif文を使います。

```
int intValue = 3;

// intValueが2の場合
if (intValue == 2)
{

}
// intValueが3の場合
else if(intValue == 3)
{

}
// それ以外の場合
else
{

}
```

▶switch文

同じ型を対象にAの場合、Bの場合、Cの場合と列挙する場合はswitch文の方が簡潔に記述できます。

```
int intValue = 3;

switch (intValue)
{
    case 1:
        // intValueが1の場合の処理
        break;

    case 2:
        // intValueが2の場合の処理
        break;

    default:
        // それ以外の場合の処理
        break;
}
```

繰り返し処理

同じ処理を複数回、繰り返したい場合や、配列の要素を1つずつ取り出したい場合などに繰り返し処理を利用します。

▶for文

初期化、条件判定、繰り返し時の変数の変更を行いながら繰り返し処理を行います。次のサンプルを例にfor文の流れを紹介します。

```
// iを0から5まで出力する
for (int i = 0; i <= 5; i++)
{
    Console.WriteLine(i);
}
```

1 初期化 ………… 変数iに0を代入する
2 条件判定 ……… iが5以下の場合に処理を継続する
3 変数の変更 …… iを1つ増やす

以上を繰り返し行い、2 の条件判定でiが6になったタイミングで繰り返しを終了します。

▶ while文

条件判定を行いながら処理を繰り返します。for文のような初期化や繰り返し時の変数変更などが不要な場合はwhileを使います。

```
// 先にテキストを開いてstream変数に保持しているとする

// 1行ずつ読み取って、最後まで読み取ると終了する
while((line = stream.ReadLine()) != null)

{
    Console.WriteLine (line);
}
```

▶ foreach文

配列やコレクションのデータをすべて取り出して処理する場合はforeach文が便利です。

```
List<int> intList = new List<int>() { 1, 2, 3, 4 };

// コレクションの値を1つずつ取り出し値を出力する
foreach(var tmpInt in intList)
{
    Console.WriteLine(tmpInt);
}
```

イベント

たとえば、ユーザーの操作で「ボタンがクリックされた場合」などのに特定の処理を呼び出すことをイベントといいます。

次のコードはボタン(button)のクリック(Clicked)イベントに処理を指定しているコードの例です。

```
button.Clicked += Button_Clicked;
```

イベントの指定は「+=」を利用し、複数の処理を指定することができます。

右辺のButton_Clickedは次のようなメソッドです。

```
private void Button_Clicked(object sender, EventArgs e)
{
    // ボタンが押された際に実行したい処理を書く
}
```

Button_Clickedメソッドの1つ目の引数はイベントが発生した対象(今回の場合はクリックされたボタン)です。2つ目の引数はイベント情報を保持するクラスです。

Xamarinで提供されているイベントの多くはこのような形を取りますが、厳密にはイベントの実装次第です。

非同期処理

C#では非同期処理をasync-awaitという構文を用いて、同期処理のように記述することができます。

```
class SampleClass
{
    // 非同期処理を行うメソッドにはasyncキーワードを記述する
    public async int someMethod(int a, int b)
    {
        // 非同期メソッドの呼び出しにはawaitキーワードを用いる
        string stringValue = await someAsyncMethod();

        // 上の非同期処理が完了してからコードが実行される
        Debug.WriteLine(stringValue);
    }
}
```

CHAPTER 02

Xamarin.iOSの基礎

SECTION-005

Xamarin.iOSの概要

ここでは、Xamarin.iOSの概要を説明します。

▎Xamarin.iOSとは

　Xamarin.iOSを利用すれば、XamarinでiOS用のアプリケーションを作成することができます。
　同様にiOS用のアプリケーションが作成できるXamarin.Formsもありますが、Xamain.iOS
は画面（UI）はネイティブ（Objective-CやSwiftを用いた開発）の仕組みを使います。同じく画
面の仕組みにネイティブなものを利用するXamarin.Androidと合わせてXamarinネイティブ
と呼ばれます。
　Xamarin.iOSを利用するためにはMacが必要になります。これは、ビルドやデバッグをMac
側で行うためです。そのため、CHAPTER 01で解説したWindows環境へのVisual Studio
のインストールに加え、Mac側にXcodeとVisual Studio for Macのインストールが必要になり
ます。

▎Xamarin.iOSの開発に必要なツール

　Xamarin.iOSの開発に必要なものを紹介します。本書ではWindows環境でVisual Studio
を用いて開発することを想定しています。

▶Windows PCおよびVisual Studio

　Windows PCと開発環境（IDE）のVisual Studioが必要です。Visual Studioのインストー
ルについては14ページを参照ください。

▶Mac

　Xamarin.iOSの開発にはMacが必要になります。OSのバージョンはOS X Yosemite以上
です。

▶XcodeおよびiOS SDK

　MacにはXcodeがインストールされている必要があります。iOSのSDKはXcodeに同梱され
ています。XcodeおよびiOS SDKは最新のものを利用するようにしてください。

▶Xamarin

　Windows側のXamarinはVisual Studioと同時にインストール可能です。詳しくは14ペー
ジを参照ください。
　Mac側にもXamarinがインストールされている必要があります。注意したい点はMac側の
XamarinとWindows側のXamarinのバージョンを揃える必要がある点です。

■ SECTION-005 ■ Xamarin.iOSの概要

Xcodeのインストール

　XcodeはMacのApp Storeからダウンロード、インストールを行います。App Storeアプリを起動し、右上の検索から「xcode」で検索します。検索結果からXcodeの[インストール]ボタンをクリックします。

Visual Studio for Macのインストール

　Visual Studio for MacはApp Storeからインストールできないため、Webからダウンロードします。次のサイトをブラウザで開きます。

- Visual Studio for Mac | Visual Studio
  URL　https://www.visualstudio.com/ja/vs/visual-studio-mac/

　[Visual Studio for Macをダウンロード]ボタンをクリックしてファイルをダウンロードします。

■ SECTION-005 ■ Xamarin.iOSの概要

ダウンロードした［VisualStudioInstaller.dmg］をダブルクリックします。インストーラーが表示されるので、ダブルクリックします。

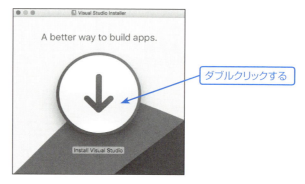

インターネットからダウンロードしたファイルを開いてよいかを確認するダイアログが表示されるので、［開く］ボタンをクリックします。

プライバシーポリシーとライセンスに関する確認が表示されます。内容を確認し、［続行］ボタンをクリックします。

インストールするコンポーネントを選択するウィンドウが表示されます。デフォルトですべてがONになっているので、そのまま［インストールと更新］ボタンをクリックします。

インストールが完了したら、［終了］ボタンをクリックしてインストーラーを終了します。

■ SECTION-005 ■ Xamarin.iOSの概要

Xamarin.iOSに必要な設定

Xamarin.iOSを開発するためにMac側で必要な設定がいくつかあります。次の2つの設定を行います。

- Macへのリモートログインを可能にする
- Xcodeにアカウント（Apple ID）を追加する

それぞれ手順を説明します。

▶ Macへのリモートログインを可能にする

Windows上のVisual StudioからiOS開発を行うにはMacへのリモートログインの許可が必要です。Macへのリモートログインの許可は次の手順で行います。

まず、「システム環境設定」の「共有」を選択します。

［リモートログイン］をONにし、［+］ボタンをクリックします。

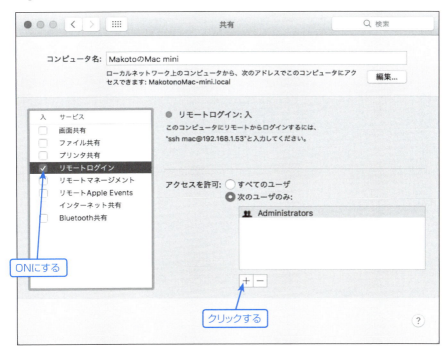

アクセスを許可するMacのユーザーアカウントを選択し、［選択］ボタンをクリックして、ユーザーアカウントを追加します。

▶Xcodeへのアカウントの追加

　Xcodeに開発に利用するユーザーアカウント(Apple ID)を追加します。ユーザーアカウントの追加は次の手順で行います。

　Xcodeの上部メニューから[Xcode]→[Preferences]を選択します。

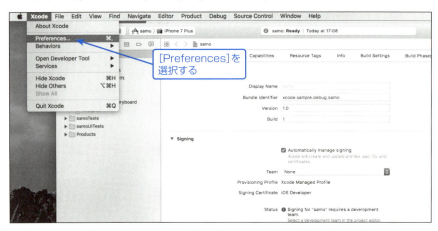

　上部タブの「Accounts」をクリックし、左下の「+」マークをクリックします。

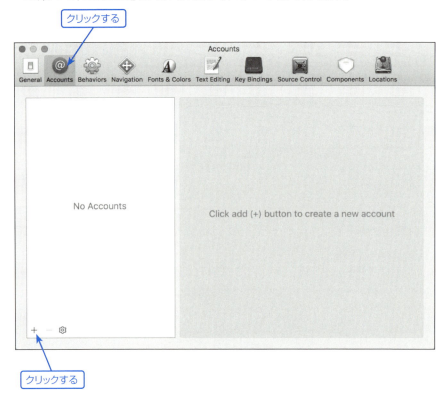

Apple IDのアカウントとパスワードを入力し、[Sign In]ボタンをクリックします。なお、追加するのは、MacのアカウントではなくApple IDなので注意してください。

　これでiOS開発の準備ができました。

SECTION-006

Xamarin.iOSでHello World

ここからはプログラミングの最初の一歩「Hello World」アプリケーションを作成しながら、プロジェクトの初期構成からデバッグまでを解説していきます。

環境がMacとWindowsの2つ存在するため、気を付けて読み進めてください。

プロジェクトの作成

Windows側でVisual Studioを起動し、上部メニューから［ファイル（F）］→［新規作成（N）］→［プロジェクト（P）］を選択します。

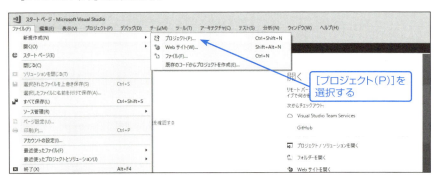

「新しいプロジェクト」ポップアップウィンドウの左側のナビゲーションから「インストール済み」→「テンプレート」→「Visual C#」→「iOS」を展開し、「Universal」を選択します。

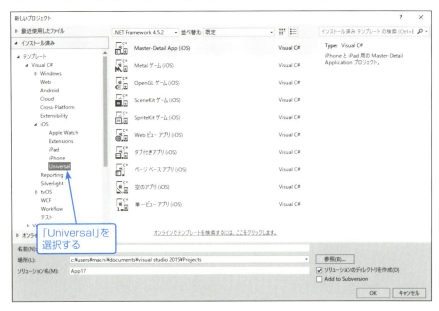

■ SECTION-006 ■ Xamarin.iOSでHello World

「新しいプロジェクト」ポップアップウィンドウ中央の一覧から「単一ビューアプリ(iOS)」を選択し、下部の[名前(N)]に「HelloXamarin_iOS」と入力後、右下の[OK]ボタンをクリックします。

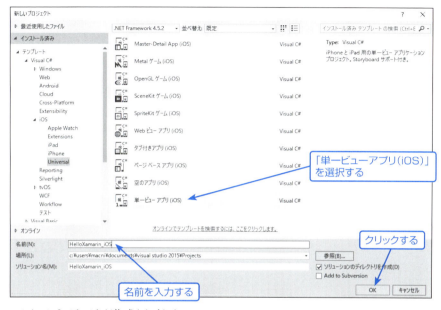

これでプロジェクトが作成されました。

Macと接続する

Xamarin.iOSのデバッグにはWindows PCからMacへ接続する必要があります。Mac側でリモートログインやXcodeの設定を終えてない場合は、44ページを参考に準備を終えてください。

Macに接続するにはVisual Studioの上部メニューの[ツール(T)]から[iOS]→[Xamarin Macエージェント(M)]を選択します。

■ SECTION-006 ■ Xamarin.iOSでHello World

　「Xamarin Mac エージェントの指示」ポップアップウィンドウが起動します。中央部の説明を確認した後、右下の［次へ］ボタンをクリックして次へ進みます。

　同一ネットワーク内に設定済みのMacが存在する場合、次の図のようにリストに表示されます。リストから接続したいMacを選択して、右下の［接続］ボタンをクリックします。
　表示されない場合は左下の［Macの追加］ボタンからコンピューター名またはIPアドレスでMacを指定できます。それでも追加できない場合はファイアーウォールなどのネットワーク設定を見直してみてください。

■ SECTION-006 ■ Xamarin.iOSでHello World

　Macへのログインウィンドウが表示されるので、Macのユーザー名とパスワードを入力し、[ログイン]ボタンをクリックします。

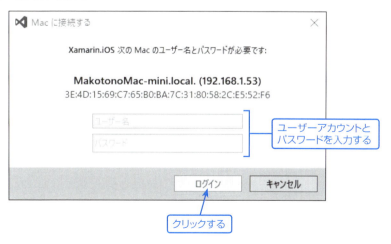

接続の確認

接続が終わったら、Visual Studioの右側のソリューションエクスプローラーからMain.storyboardをダブルクリックして開きます。Main.storyboardは画面を定義するファイルで、Macに接続できていないとプレビューを見ることができません。

うまくMacと接続できていると、次のように中央にプレビューが表示されます。

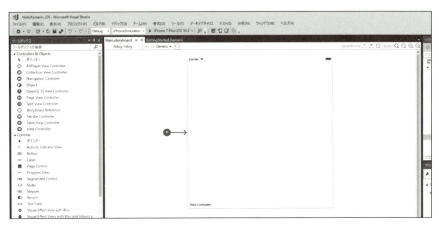

ボタンとラベルの配置

Main.storyboardを開いていない場合は、ソリューションエクスプローラーからMain.storyboardをダブルクリックして開きます。Main.storyboardを開いた状態にすると、左側の「ツールボックス」ウィンドウに画面に配置できるさまざまなコントロールが表示されています。

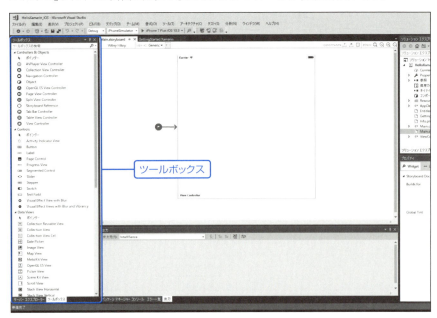

■ SECTION-006 ■ Xamarin.iOSでHello World

ツールボックスからLabelコントロールをドラッグして中央のMain.storyboardのプレビュー画面にドロップします。同様にButtonコントロールもドロップして配置します。

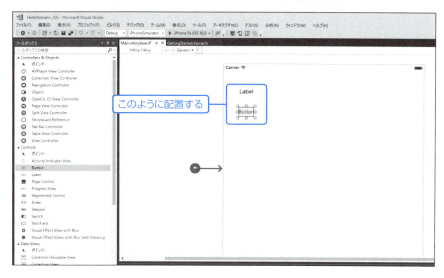

■ イベントの設定

Buttonをクリックした際にLabelの文字を「Hello Xamarin.iOS World」と書き換えることにします。

Main.storyboardに配置したButtonコントロールを選択し、Visual Studioの右下の「プロパティ」ウィンドウから[Name]に「button」と入力します。[Name]に値を付けることで、この後、プログラムコードで配置したButtonコントロールを利用できるようになります。

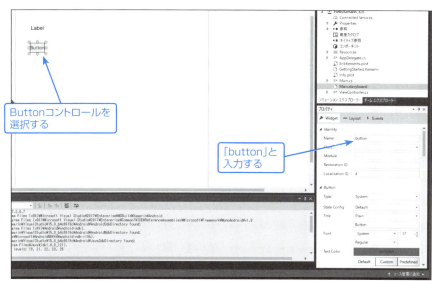

53

■ SECTION-006 ■ Xamarin.iOSでHello World

ソリューションエクスプローラーからViewController.csの左側の三角マークをクリックして展開し、ViewController.designer.csをダブルクリックします。

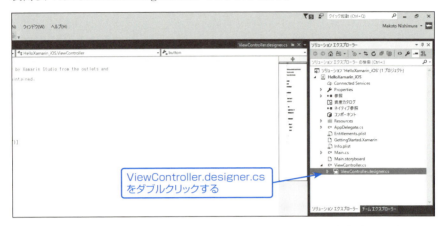

ViewController.designer.cs
をダブルクリックする

次のようにbuttonという変数名のUIButtonクラスが追記されていることを確認します。

```
[Register ("ViewController")]
partial class ViewController
{
    [Outlet]
    [GeneratedCode ("iOS Designer", "1.0")]

    // ここにUIButton型のbuttonという変数が追加されている
    UIKit.UIButton button { get; set; }

    void ReleaseDesignerOutlets ()
    {
        if (button != null) {
            button.Dispose ();
            button = null;
        }
    }
}
```

　Main.storyboardに配置したButtonコントロールの[Name]に値を設定することで、このようにViewController.designer.csに変数が自動で追記されます。
　同様にLabelコントロールを選択し、「プロパティ」ウィンドウから[Name]に「label」と入力します。
　Buttonを再び選択状態にし、「プロパティ」ウィンドウの上部メニューから「Events」をクリックします。

■ SECTION-006 ■ Xamarin.iOSでHello World

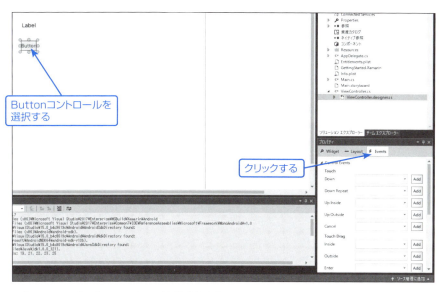

[Up Inside]に「buttonClick」と入力します。

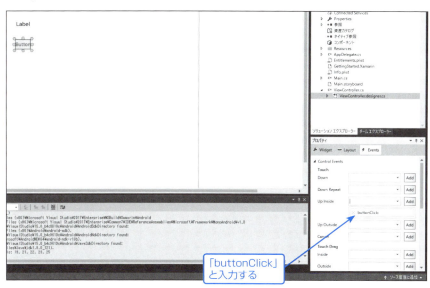

ViewController.designer.csに次のようにメソッドが追加されます。

```
[Register ("ViewController")]
partial class ViewController
{
    [Outlet]
    [GeneratedCode ("iOS Designer", "1.0")]
```

SECTION-006 ● Xamarin.iOSでHello World

```
    UIKit.UIButton button { get; set; }

    // ここにbuttonClickが追加された
    [Action ("buttonClick:")]
    [GeneratedCode ("iOS Designer", "1.0")]
    partial void buttonClick (UIKit.UIButton sender);

    void ReleaseDesignerOutlets ()
    {
        if (button != null) {
            button.Dispose ();
            button = null;
        }
    }
}
```

buttonClickの実装はViewController.csに記述します。ソリューションエクスプローラーからViewController.csをダブルクリックして開きます。

ViewController.csに、次のようにbuttonClickの実装を記述します。

```
public partial class ViewController : UIViewController
{
    public ViewController(IntPtr handle) : base(handle)
    {
    }

    public override void ViewDidLoad()
    {
        base.ViewDidLoad();
        // Perform any additional setup after loading the view, typically from a nib.
    }

    public override void DidReceiveMemoryWarning()
    {
        base.DidReceiveMemoryWarning();
        // Release any cached data, images, etc that aren't in use.
    }

    // buttonClickメソッドを追記する
    partial void buttonClick(UIKit.UIButton sender)
    {
        label.Text = "Hello Xamarin.iOS World";
    }

}
```

▐▐▐ デバッグ実行する

　「F5」キーまたは上部メニューの［デバッグ（D）］→［デバッグの開始（S）］を選択してデバッグを行います。デバッグを行うとMac上でiOSのSimulatorが起動し、Visual Studioで開発したアプリケーションが実行されます。

　ボタンをクリックするとLabelの文字が変更されます。

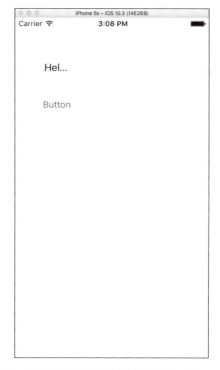

　しかし、このままだとLabelの横幅が狭く文字が欠けてしまいます。

　「Shift」+「F5」キーを押すか、上部メニューの［デバッグ（D）］→［デバッグの停止（E）］を選択して、いったんデバッグを終了します。

　Main.storyboardを再び開き、Labelコントロールをクリックして選択します。Labelコントロールの右側に表示された灰色の丸印の中央の印をドラッグして右に移動させることでLabelコントロールの幅を広げることができます。

■ SECTION-006 ■ Xamarin.iOSでHello World

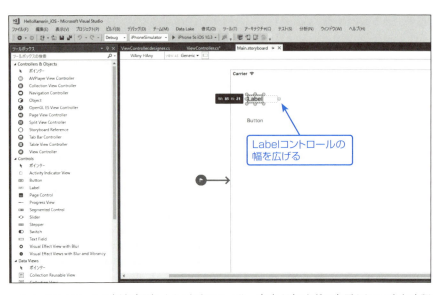

　Labelコントロールの幅を変更したら再びデバッグし、文字が欠けずに表示されることを確認しましょう。

　これでHello Worldは終了です。

58

■ SECTION-006 ■ Xamarin.iOSでHello World

▌▌▌ プロジェクトの初期構成

作成した「HelloXamarin_iOS」を眺めながら、Xamarin.iOSの初期構成を確認してみましょう。

▶ Main.cs

Main.csは、アプリケーションのエントリーポイントです。初期状態では次のようにAppDelegateクラスをアプリケーションの起動時やバックグラウンドに回った際に呼び出される処理を記述するデリゲートクラスとして指定する処理のみが記述されています。

```
using UIKit;

namespace HelloXamarin_iOS
{
    public class Application
    {
        // This is the main entry point of the application.
        static void Main(string[] args)
        {
            // if you want to use a different Application Delegate class from "AppDelegate"
            // you can specify it here.
            UIApplication.Main(args, null, "AppDelegate");
        }
    }
}
```

▶ AppDelegate.cs

AppDelegate.csは、アプリケーションの起動時や、バックグランドへの移動、バックグラウンドから戻る際など、OS側から呼び出される処理を記述するためのファイルです。

```
using Foundation;
using UIKit;

namespace HelloXamarin_iOS
{
    [Register("AppDelegate")]
    public class AppDelegate : UIApplicationDelegate
    {
        public override UIWindow Window
        {
            get;
            set;
        }

        // アプリケーションの起動処理が終わった際に呼び出される
        public override bool FinishedLaunching(UIApplication application,
                                    NSDictionary launchOptions)
```

■ SECTION-006 ■ Xamarin.iOSでHello World

```
{
    return true;
}

// アプリケーションが非アクティブになる際に呼び出される
public override void OnResignActivation(UIApplication application)
{
}

// アプリケーションがバックグラウンドに移行した際に呼び出される
public override void DidEnterBackground(UIApplication application)
{
}

// アプリケーションがフォアグランドに移行した際に呼び出される
public override void WillEnterForeground(UIApplication application)
{
}

// アプリケーションがアクティブになった際に呼びされる
public override void OnActivated(UIApplication application)
{
}

// アプリケーションが終了する際に呼び出される
public override void WillTerminate(UIApplication application)
{
}
    }
}
```

▶Info.plist

Info.plistは、アプリケーション名や、アプリケーションのバージョンなどを設定できるファイルです。[Main Storyboard file base name]にストーリーボードが指定されています。

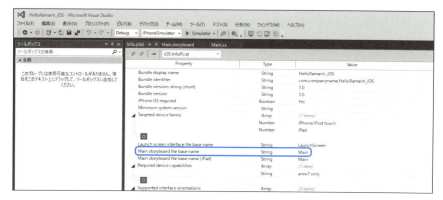

60

▶ Main.storyboard

　Main.storyboardは、画面を定義するためのストーリーボードファイルです。最初に定義されている画面をクリックするとClassプロパティに「ViewController」が指定されているのが確認できます。

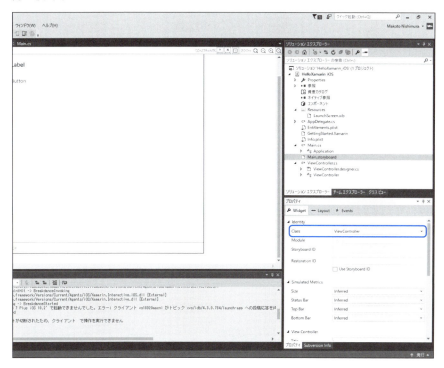

▶ ViewController.cs

　ViewController.csは、ストーリーボードの画面に対してロジックを記述するためのクラスです。名前の左側に表示されている三角アイコンをクリックすることで展開可能です。展開すると、Hello Worldプロジェクトの作成時に編集したように、ストーリーボードの編集に合わせて自動で変数などが追加されるViewController.designer.csとコードを記述するViewControllerの2つが表示されます。

アプリケーションのライフサイクル

iOSアプリケーションは、次のようなライフサイクルを持ちます。

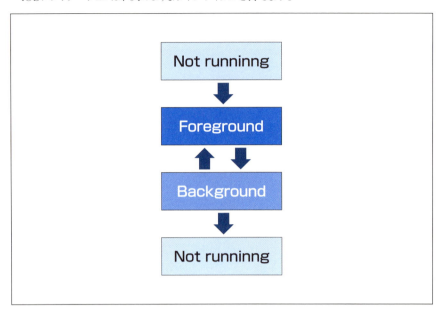

「Not running」はアプリケーションが完全に終了している状態です。

この他に、画面上はアプリケーションが表示されていないが、裏で実行されている（メモリ上に残されている）状態があり、これをバックグラウンド（Background）といいます。

アプリケーションが起動して操作可能な状態をフォアグラウンド（Foreground）といいます。さらにフォアグラウンドのアプリケーションはアクティブか非アクティブかという2つの状態を持ちます。

このようなライフサイクルが変更される際に呼び出されるメソッドがAppDelegate.csに用意されています。AppDelegate.csの各メソッドが呼び出されるタイミングは次のようになります。

▶ アプリケーションの起動時（Not running → Foreground）

FinishedLaunchingとOnActivatedは、アプリケーションを初めて起動する際、または完全に終了したアプリケーションを起動した際に呼び出されるメソッドです。

FinishedLaunchingメソッドは初回起動処理終了のタイミングで呼ばれます。続いてOnActivatedが呼ばれます。

この2つのメソッドの違いはOnActivatedが、後述するバックグランドからフォアグラウンドに呼ばれた際にも呼び出されるということや、画面表示用のWindowプロパティがFinishedLaunchingのタイミングではまだHidden（非表示）である点などです。

▶ホームボタンを押した際

　OnResignActivationとDidEnterBackgroundは、ホームボタン押下時など、アプリケーションがバックグラウンドに回った際に呼び出されるメソッドです。

　この2つのメソッドの違いは、OnResignActivationがアクティブ、非アクティブが変更された際に呼び出されることに対して、DidEnterBackgroundはその後アプリケーションがバックグラウンドに回った際に呼び出される点です。

　バックグラウンドに回ったアプリケーションは完全に終了しておらず、再び起動した際に、次で説明するようなメソッドが呼び出されます。

▶再びアプリケーションを起動した際

　WillEnterForegroundとOnActivatedは、バックグラウンドに回ったアプリケーションが、再びフォアグラウンドに移動した際に呼び出されるメソッドです。

　この2つのメソッドの違いはWillEnterForegroundがフォアグラウンドに回った際に呼び出され、OnActivatedがアプリケーションがアクティブになったタイミングで呼び出される点です。

▶アプリケーションが終了したとき

　WillTerminateは、アプリケーションが終了した際に呼び出されるメソッドです。シミュレーターでは「Command」+「Shift」+「H」キー×2でアプリケーションを終了させることができます。

　Xamarin_iOS_LifeSycleというライフサイクルをコンソール出力する簡単なサンプルプロジェクトを用意してあるので、ぜひ実際にデバッグしてアプリケーションのライフサイクルを確認してみてください。

COLUMN　ViewController.csとViewController.designer.cs

　ViewController.csとViewController.designer.csの2つのファイルには同じViewControllerクラスが記述されており、partialキーワードが使われています。

```
public partial class ViewController : UIViewController
```

　partialキーワードは1つのクラスの内容を複数のファイルに記述可能にします。

　ViewController.csは開発者が編集するファイルですが、ViewController.designer.csはVisual Studioによってコードが追記されるファイルで、通常、開発者は触りません。

　ViewController.designer.csは、今回のようにStoryboardのコントロールに[Name]を設定した場合に自動で変数を追記するなどを行うためのファイルなのです。

SECTION-007

カスタマイズを行う

ここではXamarin.iOSのカスタマイズ例を2つ紹介します。

■ 新しい画面の作成と画面遷移

アプリケーションが複数のページを持つ場合の実装方法を紹介します。

▶ Navigation Controllerへの変更

48ページと同様に「単一ビューアプリ（iOS）」のテンプレートでプロジェクトを作成します。

作成したプロジェクトからMain.storyboardを開き、ツールボックスからNavigation Controllerを追加します。Navigation Controllerをドロップすると、画面にNavigation ControllerとTable Viewの2つが追加されます。

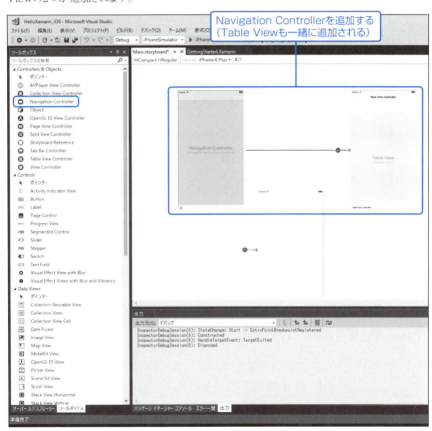

Navigation Controllerを追加する
（Table Viewも一緒に追加される）

次に、最初に作成されていた画面の左側から伸びている矢印を「Ctrl」キーを押しながらドラッグして、Navigation Controllerと書かれた枠にドロップします。

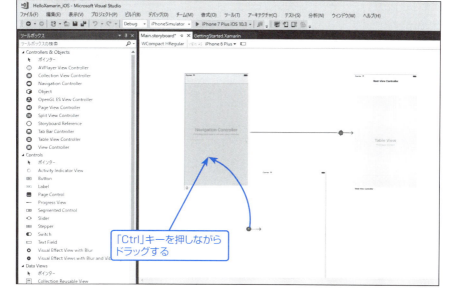

▶ボタンの配置

初期画面のViewControllerにページ遷移用のButtonコントロールを配置します。

▶Navigation Controllerのrootの変更

Navigation ControllerをCtrlキーを押しながらドラッグしてViewControllerにドロップします。ドロップするとメニューが表示されるので[Root]を選択します。

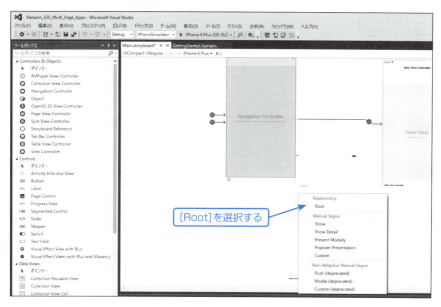

■ SECTION-007 ■ カスタマイズを行う

　ViewControllerに配置したButtonを「Ctrl」キーを押しながらドラッグして、Table Viewと書かれた枠にドロップします。ドロップするとメニューが表示されるので[Push]を選択します。
　デバッグを実行して(57ページ参照)、View ControllerページからTable Viewページに遷移することを確認します。

■ 画像の表示

　続いて画像の表示方法を紹介します。画像はプロジェクト内に含めた画像を利用します。

▶ Image Viewの配置

　今回も「単一ビューアプリ(iOS)」のテンプレートで作成したプロジェクトを利用します。Main.storyboardにツールボックスからImage Viewコントロールを追加します。

■ SECTION-007 ■ カスタマイズを行う

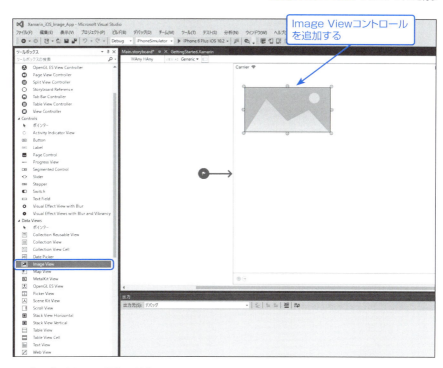

▶ プロジェクトへの画像の追加

　プロジェクトに画像を追加します。画像などのファイルはResourcesフォルダに配置するのが一般的です。logo.pngをResoucesフォルダにドロップして配置します。

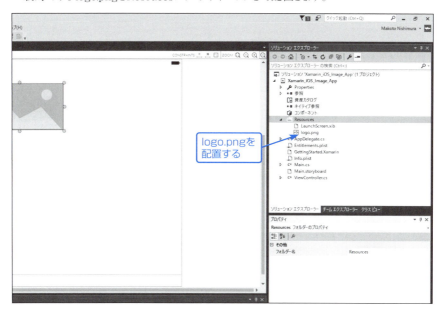

■ SECTION-007 ■ カスタマイズを行う

▶Image Viewに画像を表示する

　Main.storyboardに配置したImage Viewをクリックして選択します。「プロパティ」ウィンドウの［Image］の右端の下向きのアイコンをクリックします。ファイル選択のポップアップウィンドウが表示されるのでResourcesフォルダのlogo.pngを選択します。

　選択後、再び「Image」項目の右端の下向きのアイコンをクリックするとプルダウンメニューにlogo.pngが表示されるので選択します。

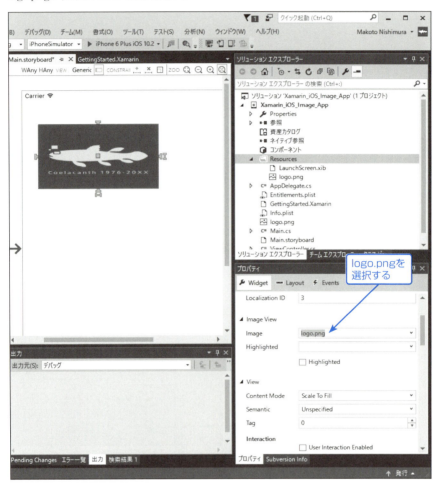

　デバッグ実行して画像が表示されることを確認します。

■SECTION-007■ カスタマイズを行う

SECTION-008

Xcodeから実機でデバッグする

iOSのシミュレーターではカメラデバイスはサポートしていません。そのため、カメラなどのデバイステストでは、実機を用いたデバッグが必要になります。

実機でのデバッグはXcode 7から有償ライセンスなしで実行できるようになりました。Xamarin.iOSの実機デバイスも同様に有償のライセンスなしで実行することが可能です。

Xamarin.iOSのデバッグを可能にするためには、まずはXcodeでプロジェクトを作成し、それを実機でデバッグできるようにします。本書では有償ライセンスなしでデバッグする方法を紹介します。ここではMacのXcodeで実機を用いたデバッグを行う方法を説明します。

■ Xcodeから実機へのデバッグ

無償ライセンスでのデバッグにはApple IDが必要になります。

▶ Xcodeでのデバッグ

Xcodeを起動後、「Create a new Xcode project」をクリックします。

新しいプロジェクトのテンプレートを選択します。今回は実機デバッグを確認するだけなので、デフォルトで選択されている「Single View Application」を選択し、[Next]ボタンをクリックします。

■ SECTION-008 ■ Xcodeから実機でデバッグする

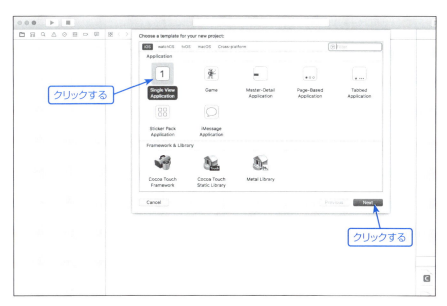

[Product Name]にアプリケーション名を、[Organization Identifier]に識別子を入力します。今回は次のように入力します。

- Product Name : DebugSampleXcode
- Organization Identifier : xcode.sample.debug

入力後、[Next]ボタンをクリックします。

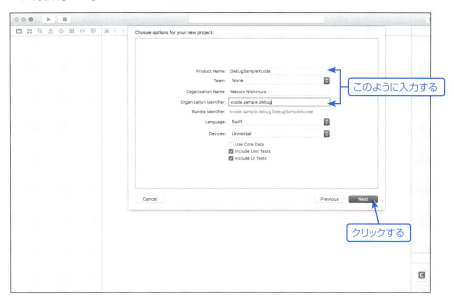

■SECTION-008■ Xcodeから実機でデバッグする

プロジェクトの保存場所を決定して[Create]ボタンをクリックします。

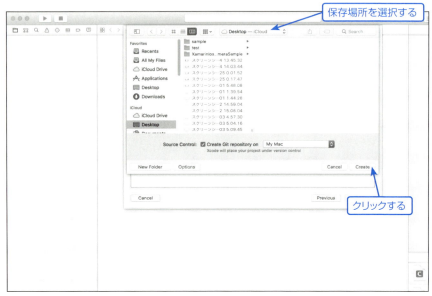

これでプロジェクトが作成されました。

▶Signingの選択

左側の一覧から一番上の「DebugSampleXcode」を選択し、中央のタブから「General」タブを選択します。

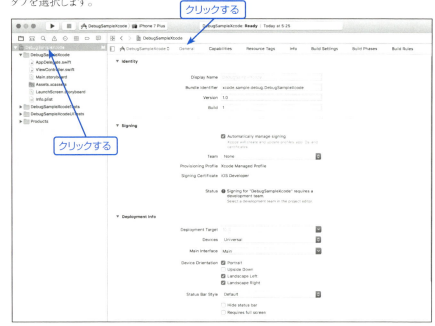

中央のSigning項目のTearmをクリックして有償ライセンスと紐づいていないApple IDを選択します。まだAppleIDを追加していない場合は[Add Account]を選択します。ここでは、まだApple IDを追加していないものとして説明を続けます。

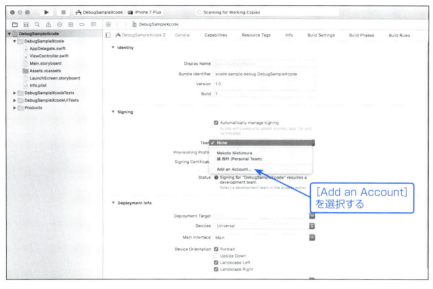

Apple IDと、パスワードを入力し、[Sign In]ボタンをクリックします。

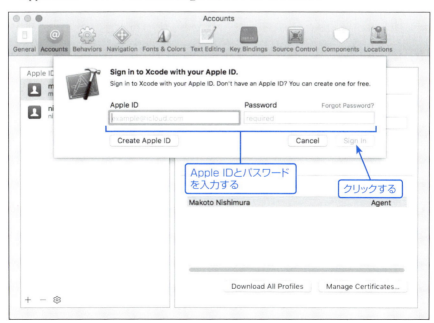

追加後、Accountsウィンドウを閉じ、Tearmから追加したアカウントを選択します。

■ SECTION-008 ■ Xcodeから実機でデバッグする

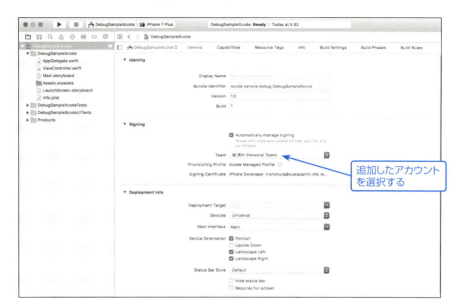

▶実機の接続

MacにiOS実機を接続します。初めて接続した際、iOS端末側で「このコンピュータを信頼しますか?」というポップアップが表示されるので「信頼」をクリックします。

▶Xcode側での端末の選択

実機を接続後、Xcode左上の端末名をクリックして一覧から実機を選択します。

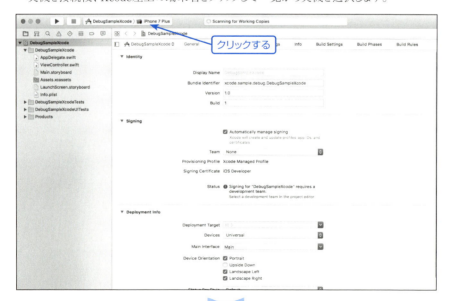

■ SECTION-008 ■ Xcodeから実機でデバッグする

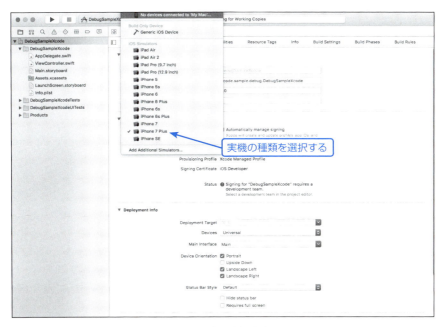

　左上の三角アイコンをクリックしてデバッグを開始します。
　次のようなエラーが出る場合は、iOS端末側で「設定」→「一般」→「デバイス管理」よりXcodeで利用しているApple IDを選択し、「XXXXを信頼」（XXXXはApple ID）をクリックしてください。

　再びデバッグを実行すると、実機にアプリケーションが転送されて動かすことができます。

SECTION-009

Visual Studioから実機でデバッグする

　Visual Studioから実機でデバッグするためには、Xcodeで先に一度デバッグしておき、同名のプロジェクトを作成する必要があります（70ページ参照）。アプリケーション名に「_」が使われているとXcode側ではそれが「-」に変換されるので注意してください。

　今回の場合はVisual Studioで「DebugSampleXcode」というXamarin.iOSプロジェクトを作成します。また、70ページの要領で同名のプロジェクトをXcodeで先にデバッグしていることとします。

　前述のXamarin Mac エージェントが接続された状態であれば、Macに接続したiOS端末がデバッグ対象の一覧に表示されているので、選択してデバッグすることで実機でXamarin.iOSアプリケーションを動かすことが可能になります。

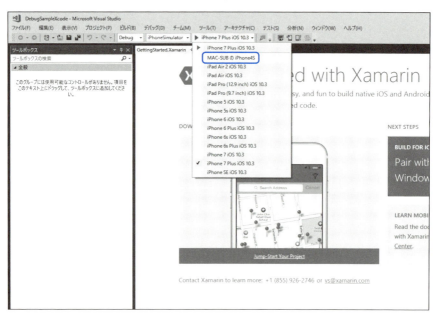

▌デバイスを利用する

　実機でデバッグが可能になったところで、シミュレーターではできないカメラデバイスを利用するサンプルを作成してみましょう。

▶コントロールの配置

　これまで同様に「単一ビューアプリ（iOS）」のテンプレートで作成したプロジェクトを用意します。プロジェクト名は「DebugSampleXcode」とします。

　Main.storyboardにツールボックスからButtonコントロールとImageViewコントロールを配置します。

■ SECTION-009 ■ Visual Studioから実機でデバッグする

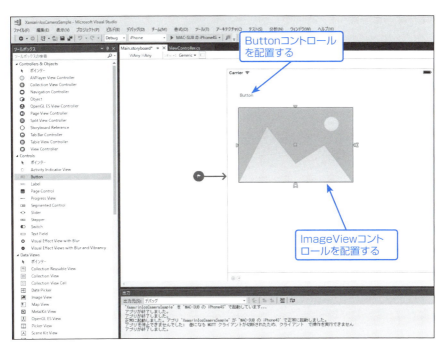

プロパティウィンドウからButtonコントロールの［Title］を「Take Photo」に変更します。

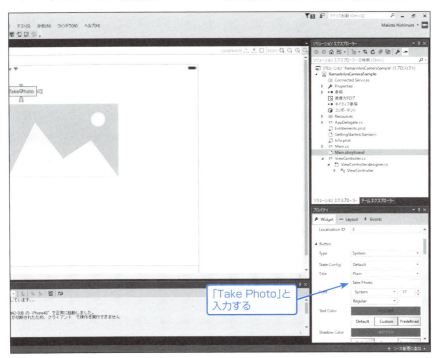

■ SECTION-009 ■ Visual Studioから実機でデバッグする

ImageViewコントロールの[Name]を「image」に設定します。

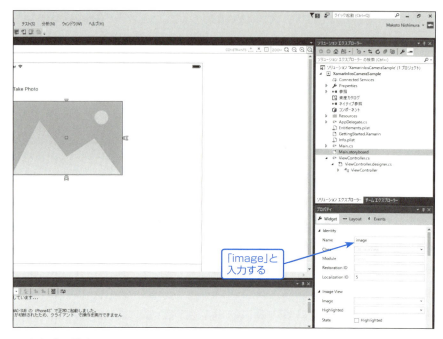

「image」と入力する

▶ イベントの設定

ButtonコントロールのUp Insideイベントに「takeButtonClick」を追加します。詳しいイベントの追加方法については53ページを参照ください。

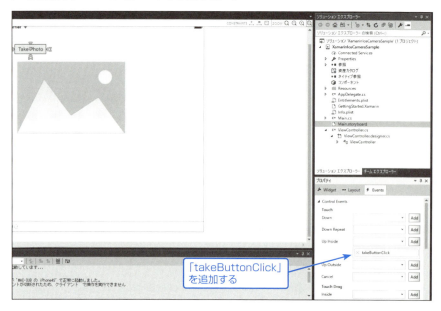

「takeButtonClick」を追加する

▶ プログラムコードの修正

ViewController.csを次のように修正します。

```csharp
using AVFoundation;
using System;
using System.Threading.Tasks;
using UIKit;

namespace XamarinIosCameraSample
{
    public partial class ViewController : UIViewController
    {
        // カメラ撮影するためのUIImagePickerController
        private UIImagePickerController _picker;

        public ViewController(IntPtr handle) : base(handle)
        {
        }

        public override void ViewDidLoad()
        {
            base.ViewDidLoad();

            // フロントカメラが利用可能か確認する
            if (UIImagePickerController.IsCameraDeviceAvailable(
                    UIImagePickerControllerCameraDevice.Front) == true)
            {
                // カメラを利用するにはUIImagePickerControllerを利用する
                this._picker = new UIImagePickerController();

                // ソースはカメラで、編集を許可する
                this._picker.SourceType = UIImagePickerControllerSourceType.Camera;
                this._picker.AllowsEditing = true;

                // 画像が撮影され終えた際のイベントハンドラーを設定する
                this._picker.FinishedPickingMedia += _picker_FinishedPickingMedia;

                // カメラ撮影がキャンセルされた際のイベントハンドラーを設定する
                this._picker.Canceled += _picker_Canceled;
            }

        }

        // Take Photoボタンが押された
        partial void takeButtonClick(UIKit.UIButton sender)
        {
            // カメラ撮影を開始する
```

■SECTION-009 ■ Visual Studioから実機でデバッグする

```
            this.PresentViewController(_picker, true, null);
        }


        private void _picker_FinishedPickingMedia(object sender,
                                        UIImagePickerMediaPickedEventArgs e)
        {
            // 取得した画像をImageViewにセットする
            this.image.Image = e.Info[UIImagePickerController.OriginalImage] as UIImage;

            // 元の表示に戻る
            this.DismissModalViewController(true);
        }

        private void _picker_Canceled(object sender, EventArgs e)
        {
            // 元の表示に戻る
            this.DismissModalViewController(true);
        }

        public override void DidReceiveMemoryWarning()
        {
            base.DidReceiveMemoryWarning();
            // Release any cached data, images, etc that aren't in use.
        }
    }
}
```

▶ Info.plistを編集

カメラのようなデバイスなどをアプリケーションから利用したい場合、その旨を宣言する必要があります。宣言の追加はInfo.plistから行います。

ソリューションエクスプローラーからInfo.plistをダブルクリックで開きます。最下部の「+」ボタンをクリックして、追加された行の「CustomProperty」の文字をクリックします。一覧から「Privacy - Camera Usage Description」を追加します。Valueの欄に、カメラ機能を利用する説明を記述します。

■ SECTION-009 ■ Visual Studioから実機でデバッグする

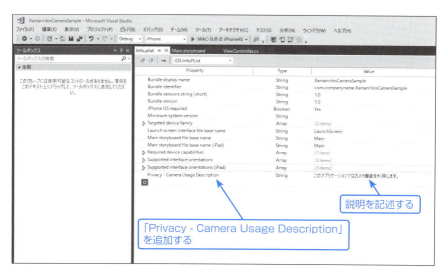

「Privacy - Camera Usage Description」を追加する
説明を記述する

▶ デバッグ

アプリケーションをデバッグして「Take Photo」をクリックしたときにカメラが起動し、撮影した画像をImageViewに表示できることを確認します。

デバッグ時は70ページを参考に同名のアプリケーションをXcodeから事前にデバッグしておいてください。

CHAPTER 03

Xamarin.Android の基礎

SECTION-010

Xamarin.Androidの概要

ここでは、Xamarin.Androidの概要を説明します。

■ Xamarin.Androidとは

Xamarin.Androidは、画面はネイティブ開発と同じxmlで定義し、ロジックをC#で記述します。Xamarin.Formsもxml形式で画面を定義しますが、ネイティブとは異なり、WPFやUWPと同様のXAMLという記法になります。

Xamarin.Androidの利点は画面定義がネイティブと同様のため、既存のAndroidネイティブアプリからの移植が容易な点です。ただし、画面定義をiOSと共通化することはできません。

■ Xamarin.Androidの開発に必要なツール

Xamarin.Androidの開発に必要なものを紹介します。本書ではWindows環境でVisual Studioを用いて開発することを想定しています。

▶Windows PCおよびVisual Studio

Windows PCと開発環境（IDE）のVisual Studioが必要です。Visual Studioのインストールについては14ページを参照ください。下記で紹介するツールはすべてVisual Studioのインストール時に同時にインストールされます。

▶Android SDK

AndroidのSDK（Software Development Kit）が必要ですが、Visual Studioをインストールする際に一緒に導入されます。

▶JDK（Java SE Development Kit）

Androidのネイティブ開発に必要なJDKも必要です。こちらもVisual Studioと併せてインストールされます。

Android SDKやJDKは別途Android開発環境を構築済みの場合、Visual Studioインストール時に別の箇所にインストールされる可能性があるので注意してください。Visual Studio導入時のパスは次の通りです。

ツール	パス
Android SDK	C:¥Program Files (x86)¥Android
JDK	C:¥Program Files (x86)¥Java

▶Xamarin

XamarinもVisual Studioのインストール時に併せて導入されます。

SECTION-011

Xamarin.AndroidでHello World

ここではXamarin.Androidの「単一ビューアプリ(Android)」のテンプレートでプロジェクトを作成し、デバッグとコードの解説を行います。

■ プロジェクトの作成

Visual Studioを起動し、上部メニューから[ファイル(F)]→[新規作成(N)]→[プロジェクト(P)]を選択します。

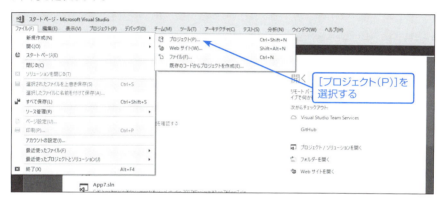

「新しいプロジェクト」ポップアップウィンドウの左側のナビゲーションから「インストール済み」→「テンプレート」→「Visual C#」を展開し、「Android」を選択します。

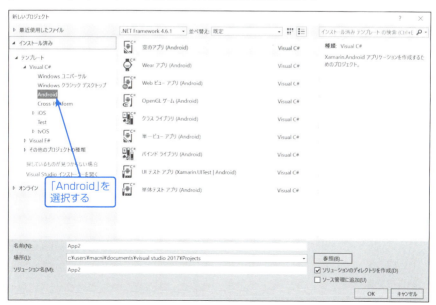

■ SECTION-011 ■ Xamarin.AndroidでHello World

中央の一覧から「単一ビューアプリ(Android)」を選択し、下部の[名前(N)]欄に「Hello Xamarin_Android」と入力後、右下の[OK]ボタンをクリックします。

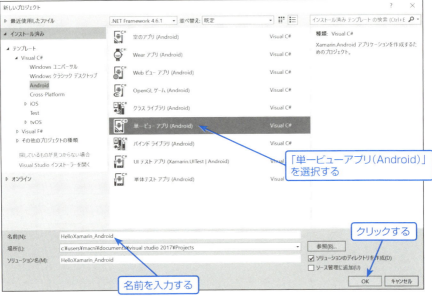

これでプロジェクトが作成されました。

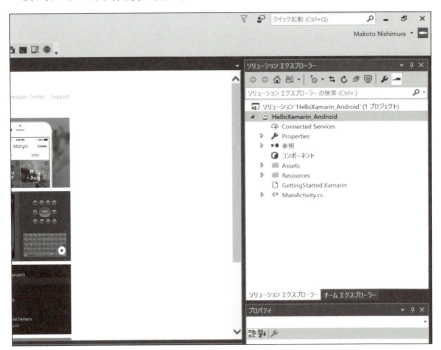

Main.axmlを開く

HelloXamarin_AndroidプロジェクトのResourcesフォルダを展開し、layoutフォルダ内のMain.axmlをダブルクリックで開きます。

Main.axmlを開くと、次のように、デザインビューにプレビューが表示されることを確認します。

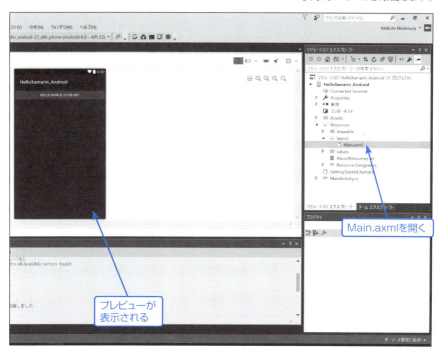

エミュレーターを変更する

デバッグを行う前に標準のエミュレーターを変更します。デフォルトのエミュレーターはARMと呼ばれるスマートフォンなどで利用されるCPUをエミュレートしたもののため、起動が速くありません。エミュレーター起動時に次のように非推奨である旨が表示されます。

■ SECTION-011 ■ Xamarin.AndroidでHello World

「ARMではなくx86ベースのエミュレータの方が10倍速いですよ」というような意味です。快適にデバッグを行うためにエミュレーターを変更します。なお、実行に時間がかかりますが、エミュレーターを変更しなくても本書のコードを試してみることはできます。変更しない場合は読み飛ばしてもかまいません。

Visual Studioをツールバーの「VisualStudio_android-23_arm_phone（Android 6.0 API 23）」という書かれた部分の右側の三角アイコン（左側の緑色のアイコンではありません）をクリックすると次のように現在利用可能なエミュレーターの一覧が表示されます（エミュレータ名の数字はAPIやAndroid OSのナンバーであり、時期によって異なる可能性があります）。

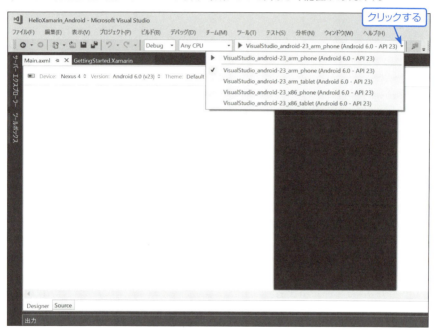

一覧からx86の「VisualStudio_android-23_x86_phone（Android 6.0 API 23）」を選択し、「F5」キーを押してデバッグを開始します。しかし、環境によってはエラーになりエミュレーターがうまく起動しないことがあります。筆者の環境ではノートパソコンではうまく起動し、デスクトップパソコンでは設定の変更を必要としました。うまく起動しない場合は次の設定を確認してください。

▶ 仮想化ハードウェア拡張を有効にする

BIOSで仮想化ハードウェア拡張を有効にする必要があります。BIOS、CPUによって操作が異なります。Intel-VT-x、AMD-Vの有効化について確認してください。

▶ Hyper-VをOFFにする

今回使用するエミュレーターはIntel Hardware Accelerated Execution Managerという仮想化技術を利用しており、Hyper-Vと共存できないため、Hyper-VがONの場合はOFFにしてください。

▍デバッグを行う

　デバッグは「F5」キーを押すことで開始できます。また、メニューバーの[デバッグ(D)]→[デバッグの開始(S)]を選択することや、ツールバーのエミュレーター名の左隣の緑の三角アイコンをクリックすることでも開始することができます。

　エミュレーターが起動し、次のようにアプリケーションが実行されます。「HELLO WORLD, CLICK ME」をクリックすると、数がカウントされるシンプルなアプリケーションです。

▍実機でデバッグする

　実機の性能にもよりますが、エミュレーターでデバッグするより実機の方が高速にデバッグを開始できます。また、センサーなどのエミュレーターでは利用できない機能や、端末固有の機能を利用する場合などにも実機が必要になります。

　実機でデバッグする場合は、Android端末を開発者モードに変更します。開発者モードについてはAndroidのバージョンによって方法が異なるので、お手持ちの端末にあった方法をネットなどで確認ください。

　実機とVisual StudioをインストールしたPCをUSBで接続します。「VisualStudio_android-23_arm_phone(Android 6.0 API 23)」などのエミュレーターに加えて実機の端末名が一覧に表示されます。

■ SECTION-011 ■ Xamarin.AndroidでHello World

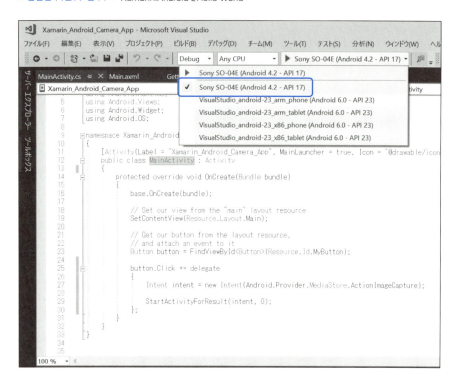

実機の端末名を選択してデバッグすることで実機上でデバッグすることができます。

プロジェクトの初期構成

「HelloXamarin_Android」のプロジェクト構成を解説します。

▶ MainActivity.cs

MainActivity.csは、処理の起点となるファイルです。Activityクラスが生成されたときに呼び出されるメソッドがOnCreateメソッドです。

```
// 日本語のコメントは筆者が追加したもので実際のコードにはありません
// 英語のコメントはもともとコードに記述されていたものです
// using句 Android.から始まるAndroid用の名前空間が多数読み込まれている
using System;
using Android.App;
using Android.Content;
using Android.Runtime;
using Android.Views;
using Android.Widget;
using Android.OS;

namespace HelloXamarin_Android
{
```

■ SECTION-011 ■ Xamarin.AndroidでHello World

```
// 属性。ActivityAttributeクラス参照
// MainLauncher=trueでこのクラスがアプリケーション起動時に
// 呼び出されるクラスであることを示している
[Activity(Label = "HelloXamarin_Android", MainLauncher = true, Icon = "@drawable/icon")]
public class MainActivity : Activity
{
    int count = 1;

    // Activity生成時に呼び出されるOnCreateメソッド
    protected override void OnCreate(Bundle bundle)
    {
        base.OnCreate(bundle);

        // Set our view from the "main" layout resource
        // Resource.Layout.Mainを指定することでMain.xamlの内容が表示される
        SetContentView(Resource.Layout.Main);

        // Get our button from the layout resource,
        // and attach an event to it
        // FindViewByIdでIDを元にMain.xamlからButtonコントロールを取得している
        Button button = FindViewById<Button>(Resource.Id.MyButton);

        // ボタンがクリックされた際のイベントをデリゲート(delegate)を使って指定している
        button.Click += delegate { button.Text = string.Format("{0} clicks!", count++); };
    }
}
}
```

CHAPTER 03
Xamarin.Androidの基礎

▶using句

using句では、Androidから始まるAndroid用の名前空間を読み込んでいます。

```
using System;
using Android.App;
using Android.Content;
using Android.Runtime;
using Android.Views;
using Android.Widget;
using Android.OS;
```

▶属性ActivityAttribute

クラス名の上の「[」から始まる部分は属性です。属性はC#の言語仕様にない機能を持たせたい場合などに記述します。ActivityAttribute（記述する場合はAttributeを外して記述する）のMainLauncherをtrueにすることでこのクラスがアプリケーション起動時に呼び出されるクラスであることを示しています。

```
[Activity(Label = "HelloXamarin_Android", MainLauncher = true, Icon = "@drawable/icon")]
```

91

▶Activityクラスの継承

　MainActivityクラスはActivityクラスを継承しています。ActivityはAndroidアプリケーションの画面を定義する際に継承して利用します。画面はActivityを継承したクラスからXMLで定義されたレイアウトファイル（今回の場合はMain.xml）のセットで構成します。

```
public class MainActivity : Activity
```

　画面が生成される際に、OnCreateメソッドが呼び出されます。

```
protected override void OnCreate(Bundle bundle)
```

　OnCreateメソッド内ではSetContentViewメソッドで表示するレイアウトファイルを指定しています。

```
SetContentView(Resource.Layout.Main);
```

　続いてIDからButtonコントロールを取得し、Buttonがクリックされた際のイベントを設定しています。

```
// レイアウトファイルを指定している
// Main.axmlが画面を定義したファイル
SetContentView(Resource.Layout.Main);

// FindViewByIdメソッドでIDからButtonコントロールを取得する
Button button = FindViewById<Button>(Resource.Id.MyButton);

// Clickイベントにイベントハンドラーを指定する
button.Click += delegate { button.Text = string.Format("{0} clicks!", count++); };
```

▶Main.axml

　Main.axmlは、画面を定義したXMLが記述されたファイルです。Main.axmlをダブルクリックすると画面のプレビューが表示されますが、Main.axmlを右クリックして表示されるメニューから［コードの表示（C）］を選択すると、次のようにXMLを見ることができます。

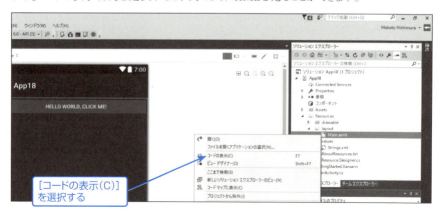

```
<?xml version="1.0" encoding="utf-8"?>
<LinearLayout xmlns:android="http://schemas.android.com/apk/res/android"
    android:orientation="vertical"
    android:layout_width="match_parent"
    android:layout_height="match_parent">
    <Button
        android:id="@+id/MyButton"
        android:layout_width="match_parent"
        android:layout_height="wrap_content"
        android:text="@string/Hello" />
</LinearLayout>
```

1行目は利用するXMLのバージョンと文字コードを記述しています。

```
<?xml version="1.0" encoding="utf-8"?>
```

2行目以降が画面を定義する内容となり、LinearLayoutというレイアウトを定義するコントローラーがまず記述されています。

```
<LinearLayout xmlns:android="http://schemas.android.com/apk/res/android"
```

LinearLayoutは子要素のコントロールを縦ないし横に並べて配置することができるレイアウト用のコントロールです。

今回は「android:orientation="vertical"」と垂直（vertical）に並べる宣言をしているので、子要素のコントロールは縦に並べて配置されます。

子要素にはButtonコントロールが1つ配置されています。

```
<Button
    android:id="@+id/MyButton"
    android:layout_width="match_parent"
    android:layout_height="wrap_content"
    android:text="@string/Hello" />
```

Buttonコントロールのidプロパティやtextプロパティには「@」から始まるandroid:idとandroid:textという記述があります。

android:idの「@+id/MyButton」という記述はMyButtonというIDでプログラム側からButtonコントロールを利用できるようになる記述です。

android:textの「@string/Hello」はHelloというnameプロパティで登録された文字列の定義が利用できます。

文字列はStrings.xmlで定義されています。

▶Strings.xml

Strings.xmlは、前述のMain.axmlで利用した「@string/Hello」が定義されているファイルです。

```xml
<?xml version="1.0" encoding="utf-8"?>
<resources>
    <string name="Hello">Hello World, Click Me!</string>
    <string name="ApplicationName">HelloXamarin_Android</string>
</resources>
```

COLUMN　Visual Studio Emulator for Android

88ページでエミュレーターの変更方法を紹介しましたが、Hyper-Vを利用したエミュレーターもあります。それが「Visual Studio Emulator for Android」です。Visual Studioのインストーラー画面上部のタブから「個別のコンポーネント」を選択し、エミュレーターの項目から追加することができます。Hyper-VをOFFにできない環境の場合、こちらの利用も検討してみてください。

SECTION-012

カスタマイズを行う

Xamarin.Androidに慣れるためにいくつかのカスタマイズを行ってみましょう。

▌新しい画面の作成と画面遷移

新しい画面を作成し、ボタンを押すと画面を遷移するアプリケーションを作成します。

Xamarin.Androidの画面はActivityクラスを作成し、その中でレイアウトファイル（.axml）を指定します。新しい画面を用意する場合も同様に行います。

まず、85ページと同様に「単一ビューアプリ（Android）」のテンプレートでプロジェクトを作成してください。プロジェクト名は「Xamarin_Android_Multi_Page_App」とします。

▶ Activityクラスの作成

Activityクラスを継承したSubActivityクラスを新規で作成します。

SubActivityクラスを追加するには、ソリューションエクスプローラーのプロジェクト名を右クリックして表示されるメニューから[追加(D)]→[新しい項目(W)]を選択します。

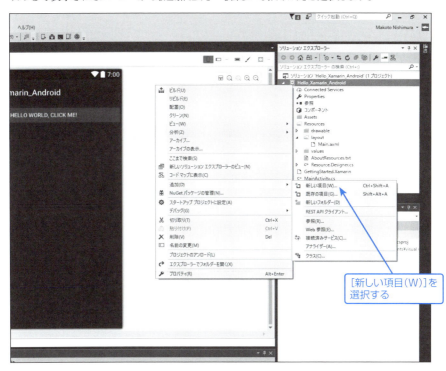

「新しい項目の追加」ポップアップウィンドウの中央の一覧から「クラス」を選択し、下部の[名前(N)]に「SubActivity.cs」と入力し、右下の[追加(A)]ボタンをクリックします。作成したSubActivity.csはMainActivity.csと同じ階層に追加されます。

■ SECTION-012 ■ カスタマイズを行う

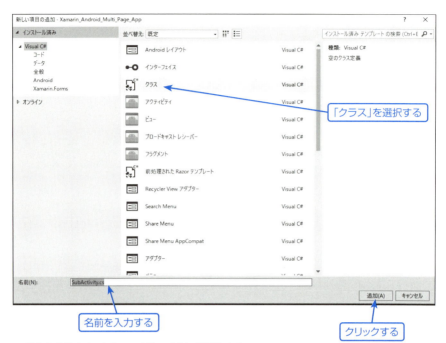

追加したSubActivity.csを次のように修正します。

```
using System;
using Android.App;
using Android.Content;
using Android.Runtime;
using Android.Views;
using Android.Widget;
using Android.OS;

namespace Xamarin_Android_Multi_Page_App
{
    [Activity(Label = "SubActivity")]
    public class SubActivity : Activity
    {
        protected override void OnCreate(Bundle bundle)
        {
            base.OnCreate(bundle);

            // レイアウトファイルはSub.axml
            SetContentView(Resource.Layout.Sub);    // <--追加
        }
    }
}
```

▶レイアウトファイルの作成

次にレイアウトファイルを追加します。ソリューションエクスプローラーからプロジェクト名の階層下のResourcesフォルダを展開し、layoutフォルダを右クリックして表示されるメニューから［追加（D）］→［新しい項目（W）］を選択します。

「新しい項目の追加」ポップアップウィドウの中央の一覧から「Androidレイアウト」を選択し、下部の［名前（N）］に「Sub.axml」と入力し、右下の［追加（A）］ボタンをクリックします。

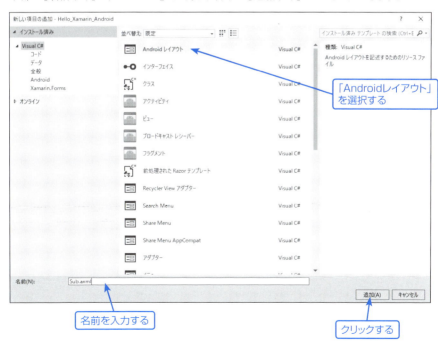

追加したSub.axmlを次のように修正します。

```xml
<?xml version="1.0" encoding="utf-8"?>
<LinearLayout xmlns:android="http://schemas.android.com/apk/res/android"
    android:orientation="vertical"
    android:layout_width="match_parent"
    android:layout_height="match_parent"
    android:minWidth="25px"
    android:minHeight="25px">
    <TextView
        android:text="Sub Page"
        android:textAppearance="?android:attr/textAppearanceLarge"
        android:layout_width="match_parent"
        android:layout_height="wrap_content"
        android:id="@+id/textView1" />
</LinearLayout>
```

「Sub Page」という文字の書かれたTextViewコントロールが配置されています。

▶ MainActivity.csの編集

ButtonコントロールをクリックしたらSub Pageに遷移するように、MainActivity.csを修正します。

```csharp
[Activity(Label = "Xamarin_Android_Multi_Page_App", MainLauncher = true, Icon = "@drawable/icon")]
public class MainActivity : Activity
{
    int count = 1;

    protected override void OnCreate(Bundle bundle)
    {
        base.OnCreate(bundle);

        // Set our view from the "main" layout resource
        SetContentView(Resource.Layout.Main);

        // Get our button from the layout resource,
        // and attach an event to it
        Button button = FindViewById<Button>(Resource.Id.MyButton);

        // イベントハンドラーを変更する
        // delegateキーワードを使わず別メソッドとしてイベントハンドラーを用意する
        button.Click += Button_Click;
    }

    private void Button_Click(object sender, EventArgs e)
    {
        // 新しいActivityを開始する
```

```
        Intent intent = new Intent(this, typeof(SubActivity));
        StartActivity(intent);
    }
}
```

　アプリケーションをデバッグして「Hello World, Click Me!」をクリックすると、「Sub Page」という文字が表示されることを確認します。

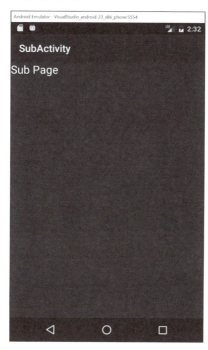

SECTION-013

カメラ機能の利用

　Androidのカメラデバイスを利用するサンプルを紹介します。ここでは、Xamarin.AndroidのC#コードとネイティブAndroidのJavaで書かれたコードを比較しながら進めていきます。

■ デバイスを利用する

　まず、プロジェクトは「単一ビューアプリ（Android）」のテンプレートでプロジェクトを作成します（85ページ参照）。

▶Main.axmlの編集

　Main.axmlを次のように変更します。

```xml
<?xml version="1.0" encoding="utf-8"?>
<LinearLayout xmlns:android="http://schemas.android.com/apk/res/android"
    android:orientation="vertical"
    android:layout_width="match_parent"
    android:layout_height="match_parent">
    <ImageView
        android:layout_width="fill_parent"
        android:layout_height="300dp"
        android:id="@+id/imageView1"
        android:adjustViewBounds="true" />
    <Button
        android:id="@+id/MyButton"
        android:layout_width="match_parent"
        android:layout_height="wrap_content"
        android:text="@string/Hello" />
</LinearLayout>
```

　Buttonコントロールの前に次のImageViewコントロールの記述が追記しています。

```xml
<ImageView
    android:layout_width="fill_parent"
    android:layout_height="300dp"
    android:id="@+id/imageView1"
    android:adjustViewBounds="true" />
```

　ImageViewコントロールは画像を表示するためのコントロールです。カメラで撮影した画像をImageViewコントロールに表示するために利用します。

　「android:layout_height」で高さを300dpに指定しています。

　「android:adjustViewBounds」で画像を拡張して、ImageViewいっぱいに表示するように指定しています。

▶ MainActivity.csの修正

MainActivity.csのOnCreateメソッドを次のように修正します。

```
protected override void OnCreate(Bundle bundle)
{
    base.OnCreate(bundle);

    // Set our view from the "main" layout resource
    SetContentView(Resource.Layout.Main);

    // Get our button from the layout resource,
    // and attach an event to it
    Button button = FindViewById<Button>(Resource.Id.MyButton);

    button.Click += delegate
    {
        // カメラを利用するためのインテントを作成する
        Intent intent = new Intent(Android.Provider.MediaStore.ActionImageCapture);

        // インテントを実行する
        StartActivityForResult(intent, 0);
    };
}
```

「button.Click += delegate」の行からが修正する箇所です。

```
button.Click += delegate
{
    // カメラを利用するためのインテントを作成する
    Intent intent = new Intent(Android.Provider.MediaStore.ActionImageCapture);

    // インテントを実行する
    StartActivityForResult(intent, 0);
};
```

ネイティブAndroidのJavaコードは次の通りです。

```
Intent intent = new Intent(MediaStore.ACTION_IMAGE_CAPTURE);
startActivityForResult(intent, RESULT_CAMERA);
```

　定数のActionImageCaptureの書き方や、メソッド名が大文字で始まるという記法の違い以外はほぼ同じコードです。
　この時点で、アプリケーションを実行するとカメラを起動することができます。エミュレーターの場合は実行元のカメラデバイスが利用可能な場合はそれを、カメラデバイスがない場合は仮の画像を表示します。

■ SECTION-013 ■ カメラ機能の利用

カメラ撮影後に画像を取得してImageViewに表示するコードを追記します。

```
protected override void OnActivityResult(int requestCode, Result resultCode, Intent data)
{
    base.OnActivityResult(requestCode, resultCode, data);

    // Bitmapデータを取得する
    Android.Graphics.Bitmap bitmap = (Android.Graphics.Bitmap)data.Extras.Get("data");

    // ImageViewコントロールを取得する
    ImageView image = FindViewById<ImageView>(Resource.Id.imageView1);

    // ImageViewにBitmapデータをセットする
    image.SetImageBitmap(bitmap);
}
```

Javaの場合は次のようになります。

```
Bitmap bitmap = (Bitmap)data.getExtras().get("data");

ImageView (ImageView)findViewById(R.id.image_view);

imageView.setImageBitmap(bitmap);
```

先ほど同様、記法などは微妙に異なりますが、処理の流れはほぼ同じです。
最後にデバッグを行い、動作を確認します。
ボタンをクリックするとカメラが起動するので、丸い撮影ボタンをクリックします。クリックすると撮影した画像が表示され、チェックアイコンが表示されるので、チェックアイコンをクリックします。最後に画像がImageViewコントロールに表示されれば成功です。

■ SECTION-013 ■ カメラ機能の利用

CHAPTER 04

Xamarin.Formsの基礎

SECTION-014
Xamarin.Formsの概要

ここでは、Xamarin.Formsの概要を説明します。

▌▌▌ Xamarin.Formsとは

Xamarin.Formsは、ロジックも画面の定義もiOSとAndroidで共有できる仕組みです。

Xamarin.Formsは先述のXamarin.iOS、Xamarin.Androidと比較すると画面を定義する部分も共通化できる点がポイントです。

共通化する方法としてWPFなど従来の.NET開発で利用されるXAMLを採用したため、Xamarin.iOS、Xamarin.AndroidがネイティブのコードをC#に置き換えたものというニュアンスが強かったのに対して、こちらはより従来のXAMLを用いた.NET開発のスタイルに近い構成になります。

もう少し具体的にいうと、XAMLを用いた開発では一般的なデータバインディングやMVVMフレームワークといったノウハウを有効に利用することが必要になります。

このような理由からXamarin.FormsはXAMLを用いた開発のスキルと、iOS、Androidアプリ開発スキルの両方を必要としますが、UI、ロジックともに共通化が可能というXamarinのメリットをより打ち出すことを可能とします。

▌▌▌ XAML

XAMLはXMLをベースとしたマークアップ言語で、Extensible Application Markup Languageの略です（Extensibleのところは頭文字のEではなく、次の文字のXです）。

XAMLの大きな特徴はマークアップ拡張というXMLになかった機能を追加する方法とコードとの疎結合を可能にするデータバインディングという仕組みです。

▌▌▌ 開発の準備

Xamarin.iOS、Xamarin.Androidが開発可能な環境であれば、Xamarin.Formsも基本的に開発が可能です。各種ツールのインストール方法や設定方法については14ページと41ページを参照ください。

SECTION-015

Xamarin.FormsでHello World

Xamarin.Formsでも簡単なHello Worldアプリケーションを作成してみましょう。

■ プロジェクトの作成

Windows側でVisual Studioを起動し、上部メニューから［ファイル（F）］→［新規作成（N）］→［プロジェクト（P）］を選択します。

「新しいプロジェクト」ポップアップウィンドウの左側のナビゲーションから「インストール済み」→「テンプレート」→「Visual C#」を展開し、「Cross-Platform」を選択します。

中央の一覧から「Cross Platform App（Xamarin）」を選択し、下部の［名前（N）］に「HelloXamarin_Forms」と入力して、右下の［OK］ボタンをクリックします。

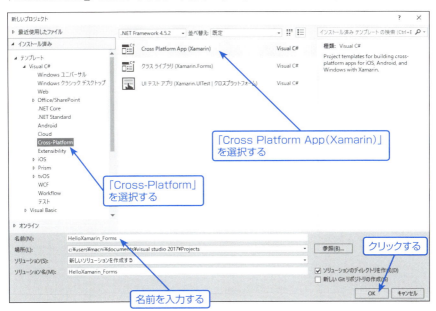

■ SECTION-015 ■ Xamarin.FormsでHello World

「New Cross Platform App」ポップアップウィンドウが表示されるので、[テンプレートの選択]は「空のアプリ」を選択し、[UIテクノロジ]は[Xamarin.Forms]をONにして、[コードの共有方法]は[ポータブルクラスライブラリ(PCL)]をONにし、右下の[OK]ボタンをクリックします。

Visual StudioインストールにUWP(Universal Windows Platform)開発の機能も追加した場合、このテンプレートではXamarin.FormsのiOS、Android用のプロジェクトに加えてWindows向けのUWPプロジェクトも作成されるので、Windows用のターゲットバージョンを指定します。

UWPも同時に作成したい場合は、ターゲットとして指定したWindows 10のバージョンをここで指定します。今回はデフォルトのままで右下の[OK]ボタンをクリックします。

プロジェクトが作成されるとソリューションエクスプローラーに次のように複数のプロジェクトが内包されたソリューションが作成されます。

■ SECTION-015 ■ Xamarin.FormsでHello World

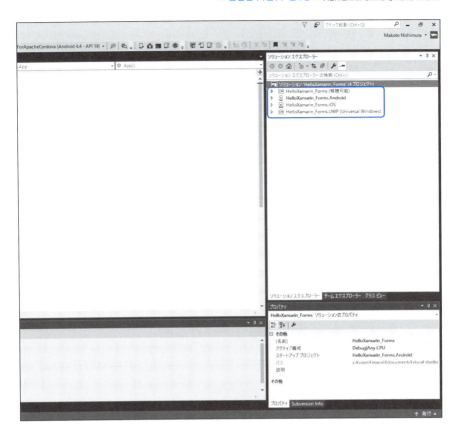

▶ HelloXamarin_Forms(移植可能)

「HelloXamarin_Forms(移植可能)」は、共有化したコードやXAMLファイルを配置するPCLプロジェクトです。

▶ HelloXamarin_Forms.Android

「HelloXamarin_Forms.Android」は、Android用のプロジェクトです。

▶ HelloXamarin_Forms.iOS

「HelloXamarin_Forms.iOS」は、iOS用のプロジェクトです。

▶ HelloXamarin_Forms.UWP

「HelloXamarin_Forms.UWP」は、Windows用のUWPプロジェクトです。Visual Studioインストール時にUWP(Universal Windows Platform)開発の機能を追加している場合に表示されます。

■ SECTION-015 ■ Xamarin.FormsでHello World

まずはデバッグ

初期状態でデバッグがうまくできるか確認します。

ソリューションエクスプローラーの「HelloXamarin_Forms.Android」というプロジェクト名の上で右クリックし、表示されるメニューから[スタートアッププロジェクトに設定(A)]を選択します。

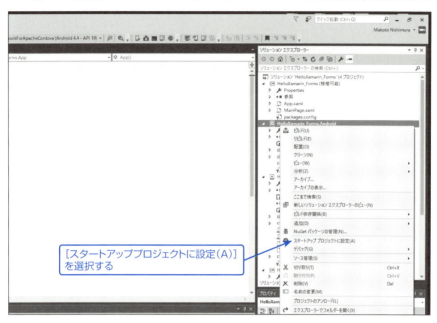

[スタートアッププロジェクトに設定(A)]を選択する

これでAndroidのプロジェクトをデバッグできるので、「F5」キーでデバッグします。エラーがなく、Androidのエミュレーターが立ち上がれば成功です。

同様にソリューションエクスプローラーの「HelloXamarin_Forms.iOS」というプロジェクト名の上で右クリックし、表示されるメニューから[スタートアッププロジェクトに設定(A)]を選択します。iOSでデバッグするにはMacとリモート接続を行う必要があります。まだの場合は44ページを参考に準備を行っておいてください。

上部メニューの緑色の三角アイコンの隣が「デバイス」と表示されているなら右端のプルダウンアイコンをクリックして任意のデバイスを選択します。ここでは「iPhone 7 Plus」を選択します。

「F5」キーを押してデバッグを実行します。Mac上でシミュレーターが起動し、アプリケーションが表示されれば成功です。

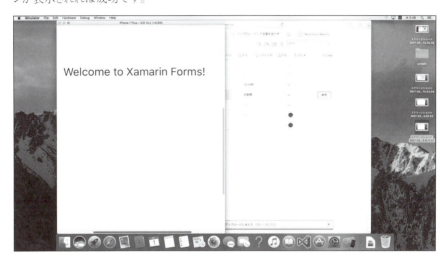

プロジェクトを編集する

ボタンを配置してクリック時に「Welcome to Xamarin Forms!」の文字を書き換えるように変更します。

▶ MainPage.xamlを開く

「HelloXamarin_Forms(移植可能)」プロジェクトにあるMainPage.xamlをダブルクリックで開きます。WPFなどと異なり、現時点ではデザインビューにプレビューされずXAMLのコードが表示されます。

MainPage.xamlを次のように書き換えます。

```
<?xml version="1.0" encoding="utf-8" ?>
<ContentPage xmlns="http://xamarin.com/schemas/2014/forms"
             xmlns:x="http://schemas.microsoft.com/winfx/2009/xaml"
             xmlns:local="clr-namespace:HelloXamarin_Forms"
             x:Class="HelloXamarin_Forms.MainPage">

    <StackLayout Padding="32">
        <Label x:Name="label"
```

■ SECTION-015 ■ Xamarin.FormsでHello World

```
                Text="Welcome to Xamarin Forms!"
                VerticalOptions="Center"
                HorizontalOptions="Center" />

        <Button Text="Click"
                Clicked="Button_Clicked"
                HeightRequest="80"
                WidthRequest="200"
                HorizontalOptions="Center"
                VerticalOptions="Center"/>
    </StackLayout>

</ContentPage>
```

　もともとLabelコントロールのみが配置されていましたが、StackLayoutという、内包したコントロールを並べて表示するコントロールの中にLabelとButtonというコントロールを配置するように変更しました。

　Labelコントロールは新しくx:Name属性に「label」という文字を指定しました。x:Name属性に指定した値を利用して、コード側でLabelコントロールにアクセスします。

　ButtonコントロールにはClickedというクリックした際に反応するイベントのハンドラーとして「Button_Clicked」を指定してあります。

　なお、XAMLの詳しい読み方はCHAPTER 05で解説します。

▶MainPage.xaml.cs

　Button_ClickedイベントハンドラーはMainPage.xaml.csに記述します。MainPage.xamlとMainPage.xaml.csは対になっています。MainPage.xaml.csが表示されていない場合は、ソリューションエクスプローラーのMainPage.xamlの左側の三角アイコンをクリックして展開することで表示されます。

　MainPage.xamlで画面の定義を行い、MainPage.xaml.csにはそれに関するイベントハンドラーやプロパティを記述します。

```
using System;
using System.Collections.Generic;
using System.Linq;
using System.Text;
using System.Threading.Tasks;
using Xamarin.Forms;

namespace HelloXamarin_Forms
{
    public partial class MainPage : ContentPage
    {
        public MainPage()
        {
```

■ SECTION-015 ■ Xamarin.FormsでHello World

```
        InitializeComponent();
    }

    // Button_Clickedメソッドを追加
    private void Button_Clicked(object sender, EventArgs e)
    {
        label.Text = "Hello Xamarin.Forms World!!";
    }
    }
}
```

「Button_Clicked」はMainPage.xaml側でButtonコントロールで次のように指定したイベントハンドラーです。

```
Clicked="Button_Clicked"
```

メソッド内の「label.Text」というlabelもMainPage.xamlでLabelコントロールにx:Name属性として指定したものでした。

```
<Label x:Name="label"
```

C#コード側ではXAMLで記述したLabelコントロールをクラスとして扱うことができます。

今回はLabelクラスのTextプロパティに「Hello Xamarin.Forms World!!」という文字を設定しています。この処理によって画面のボタンがクリックされたことで、ラベルの文字を書き換えることができます。

アプリケーションをデバッグして動作を確認してみます。

113

■ SECTION-015 ■ Xamarin.FormsでHello World

（画面キャプチャ：Android Emulator上に「Hello Xamarin.Forms World!!」と「CLICK」ボタンが表示されている。吹き出し「文字が変わる」）

初期のファイル構成

HelloXamarin_FormsプロジェクトをもとにXamarin.Formsの初期構成を解説します。

▶ HelloXamarin_Forms（移植可能）

「HelloXamarin_Forms（移植可能）」は、Portable Class Library（PCL）のプロジェクトです。Android、iOS、UWP各アプリケーション用のプロジェクトの共有できるコードやXAMLファイルを配置します。

▶ App.xaml

App.xamlは、アプリケーションのエントリーポイントになるファイルです。xamlファイルはxaml.csというC#を記述するファイルとセットになっており、App.xamlの左側の三角アイコンをクリックして展開するとApp.xaml.csが表示されます。xaml.csファイルはXAMLファイルのコードビハインドと呼ばれます。

App.xamlには他のxamlで利用するためのリソースを記述しますが、デフォルトの状態では記述はありません。

```
<?xml version="1.0" encoding="utf-8" ?>
<Application xmlns="http://xamarin.com/schemas/2014/forms"
             xmlns:x="http://schemas.microsoft.com/winfx/2009/xaml"
             x:Class="HelloXamarin_Forms.App">
    <Application.Resources>

        <!-- Application resource dictionary -->

    </Application.Resources>
</Application>
```

▶ App.xaml.cs

App.xaml.csは、アプリケーション初期化時の処理を記述します。また、アプリケーションが起動した際や再開(リジューム)した際の処理を記述するためのイベントハンドラーも用意されています。

```
public partial class App : Application
{
    public App()
    {
        InitializeComponent();

        MainPage = new HelloXamarin_Forms.MainPage();
    }

    protected override void OnStart()
    {
        // Handle when your app starts
    }

    protected override void OnSleep()
    {
        // Handle when your app sleeps
    }

    protected override void OnResume()
    {
        // Handle when your app resumes
    }
}
```

▶ MainPage.xaml

MainPage.xamlは、App.xaml.csで「MainPage = new HelloXamarin_Forms.MainPage();」と指定されていたように、アプリケーションの起動時に最初に表示するページです。

表示するページに配置するボタンなどのコントロールはXAMLで記述されています。

▶ MainPage.xaml.cs

MainPage.xaml.csは、MainPageのロジックを記述するコードビハインドです。

▶ HelloXamarin_Forms.Android

「HelloXamarin_Forms.Android」は、Android用のプロジェクトです。基本的にXamarin.Androidと構成は似ていますが、MainActivity.csで次のようにXamarin.Formsを用いるための記述がされています。

```
global::Xamarin.Forms.Forms.Init(this, bundle);
LoadApplication(new App());
```

■ SECTION-015 ■ Xamarin.FormsでHello World

▶HelloXamarin_Forms.iOS

「HelloXamarin_Forms.iOS」は、iOS用のプロジェクトです。こちらもAndroid同様にAppDelegate.csにXamarin.Formsを用いるための記述があります。

```
global::Xamarin.Forms.Forms.Init();
LoadApplication(new App());
```

▶HelloXamarin_Forms.UWP

「HelloXamarin_Forms.UWP」は、Windows用のUniversal Windows Platformプロジェクトです(Visual Studioインストール時にUWP開発の機能を追加している場合に表示されます)。本書では解説しませんが、従来のXAMLではなく、UWPもXamarin.Formsで画面を作成することができます。

SECTION-016

カスタマイズを行う

ここでは、Xamarin.Formsについての簡単なカスタマイズを紹介します。

新しい画面の作成

新しい画面を作成し、ボタンを押すと画面を遷移するアプリケーションを作成します。

▶ ページファイルの追加

まず、107ページと同様に「Cross Platform App（Xamarin）」のテンプレートで「Forms_Multi_Page」という名前のプロジェクトを新規作成します。

次に、ソリューションエクスプローラーの「Forms_Multi_Page（移植可能）」の上で右クリックし、表示されるメニューから［追加（D）］→［新しい項目（W）］を選択します。

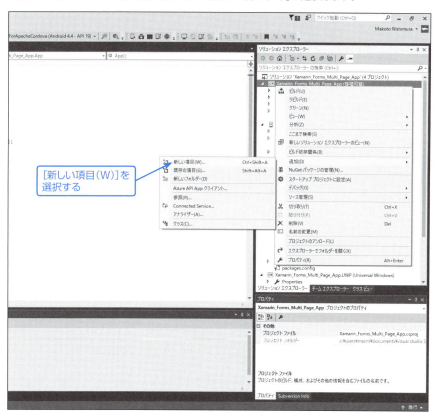

［新しい項目（W）］を選択する

「新しい項目の追加」ポップアップウィンドウの中央の一覧から「Content Page」を選択し、下部の［名前（N）］に「SubPage.xaml」と入力し、右下の［追加（A）］ボタンをクリックします。

117

■ SECTION-016 ■ カスタマイズを行う

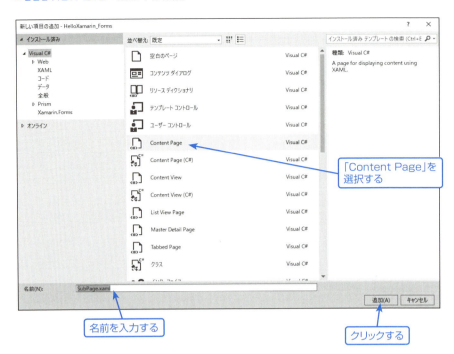

「Content Page」を選択する

名前を入力する

クリックする

「Xamarin_Forms_Multi_Page_App（移植可能）」プロジェクトにSubPage.xamlとSubPage.xaml.csが追加されました。

▶ページ遷移するためのボタンを追加

MainPage.xamlに配置したButtonコントロールをクリックした際にSubPage.xamlに遷移するようにします。Hello World同様に画面にButtonコントロールを配置します。

```
<?xml version="1.0" encoding="utf-8" ?>
<ContentPage xmlns="http://xamarin.com/schemas/2014/forms"
            xmlns:x="http://schemas.microsoft.com/winfx/2009/xaml"
            xmlns:local="clr-namespace:Xamarin_Forms_Multi_Page_App"
            x:Class="Xamarin_Forms_Multi_Page_App.MainPage">

    <StackLayout Padding="32">
        <Label x:Name="label"
            Text="Welcome to Xamarin Forms!"
            VerticalOptions="Center"
            HorizontalOptions="Center" />

        <Button Text="Click"
            Clicked="Button_Clicked"
            HeightRequest="80"
            WidthRequest="200"
            HorizontalOptions="Center"
```

```
                VerticalOptions="Center"/>
    </StackLayout>
</ContentPage>
```

▶ App.xaml.csの修正

Xamarin.Formsでページ遷移を可能にする場合、ページ表示の仕組みをNavigationPageに変更する必要があります。App.xaml.csを次のように変更します。

```
public App()
{
    InitializeComponent();

    MainPage = new NavigationPage(new MainPage());
}
```

MainPageクラスを渡していたところを、NavigationPageクラスにMainPageを渡したものに変更します。

▶ Main.xaml.csの変更

Buttonクリック時のイベントハンドラーを次のように記述します。

```
public partial class MainPage : ContentPage
{
    public MainPage()
    {
        InitializeComponent();
    }

    private void Button_Clicked(object sender, EventArgs e)
    {
        // SubPageに遷移する
        Navigation.PushAsync(new SubPage());
    }
}
```

これでMainPageからSubPageに画面を遷移させることができます。
しかし、このままだとNavigationPageのバーが画面上部に表示されます。

■ SECTION-016 ■ カスタマイズを行う

NavigationPageのバー

▶ NavigationPageのバーを消す

NavigationPageのバーを消したい場合は、次のようにバーを消したいページで設定する必要があります。

```
public partial class MainPage : ContentPage
{
    public MainPage()
    {
        InitializeComponent();

        // NavigationPageが表示する上部のバーを消す
        // 消したいページごとに実行する必要がある
        NavigationPage.SetHasNavigationBar(this, false);
    }

    private void Button_Clicked(object sender, EventArgs e)
    {
        // SubPageに遷移する
        Navigation.PushAsync(new SubPage());

        // このようにMainPageプロパティに遷移したいページを渡すことで
        // 画面を切り替えることができる
        // この場合NavigationPageのように遷移したページをスタックしないので、
        // 前のページに戻る処理などは自前で管理する必要がある
        //App.Current.MainPage = new SubPage();
    }
}
```

■ SECTION-016 ■ カスタマイズを行う

▍デバッグの実行

110ページと同様にして、Android、iOSのそれぞれでデバッグしてみましょう。結果は次のようになるはずです。

●ページ遷移前（Android）

●ページ遷移後（Android）

●ページ遷移前（iOS）

●ページ遷移後（iOS）

121

CHAPTER 05
XAML

SECTION-017

XAMLの基礎

XAMLとは、106ページでも説明しましたが、XMLをベースとしたマークアップ言語で、大きな特徴はマークアップ拡張というXMLになかった機能を追加する方法とコードとの疎結合（128ページ参照）を可能にするデータバインディングという仕組みです。
ここではXAMLの基礎について説明します。

XAMLの構文

XAMLは基本的にXMLの構文を踏襲しつつ、独自のカスタマイズを加えています。

▶要素とタグ

XAMLの要素は「＜」で初めて「＞」で終わるタグで構成されます。1つの要素には開始タグと終了タグが必要です。

```
<Label>    // 開始タグ
    Text
</Label>   // 終了タグ
```

上記のLabelを「Label要素」といいます。また、XAMLで画面に配置するラベルやボタンなどをコントロールというため、「Labelコントロール」ということもあります。
終了タグは省略可能です。終了タグを省略するには、開始タグの終わりを「＞」ではなく「/＞」で終わります。

```
<Label Text="Text" />
```

▶入れ子にする

先ほどのLabelは開始タグと終了タグの間に「Text」という文字列を挟んでいました。

```
<Label>
    Text
</Label>
```

初期状態のMainPage.xamlを見てみると「ContentPage」が別の「Label」という要素を入れ子にしています。

```
<ContentPage xmlns="http://xamarin.com/schemas/2014/forms"
             xmlns:x="http://schemas.microsoft.com/winfx/2009/xaml"
             xmlns:local="clr-namespace:App14"
             x:Class="App14.MainPage">

    <Label Text="Welcome to Xamarin Forms!"
           VerticalOptions="Center"
           HorizontalOptions="Center" />
```

```
</ContentPage>
```

見やすくするために属性を省略すると、次のようになります。

```
<ContentPage>
    <Label/>
</ContentPage>
```

このようにXAMLは入れ子の構造にすることができますが、入れ子にできる要素は親の要素によって異なります。

要素に何を含めることができるかを確認するためにMainPage.xamlのLabelという文字の上で右クリックし、表示されるメニューから[定義をここに表示]を選択してみましょう。

Labelコントロールの定義に次の記述があります。

```
[ContentProperty("Text")]
```

このContentPropertyの値が入れ子にした場合の子になります。Labelの場合、TextがContentPropertyに指定されており、Textは次のように定義されています。

```
public string Text { get; set; }
```

Textがstring型なのでLabelには文字列を入れ子にできるのです。

ちなみにContentPageの定義を確認すると、ContentPropertyはView型であることがわかります。Labelや多くの画面に表示するためのコントロールはViewを継承しているのでContentPageの入れ子にできるのです。

▶属性

XAMLの要素は属性を持つことができます。たとえば、次のLabel要素にはText属性と、VerticalOptions属性、HorizontalOptions属性があります。

```
<Label Text="Welcome to Xamarin Forms!"
       VerticalOptions="Center"
       HorizontalOptions="Center" />
```

▶要素とクラス

XAMLの入れ子について説明する際に、定義を表示しました。XAMLの定義がC#のクラスとして表現されていることにお気付きかと思います。

XAMLは実はC#のクラスをXML形式で表現したものといえます。

```
<Label Text="Welcome to Xamarin Forms!"
       VerticalOptions="Center"
       HorizontalOptions="Center" />
```

上記はC#で次のように記述することができます。

```
Label label = new Label();
label.Text = "Welcome to Xamarin Forms!";
label.HorizontalOptions = LayoutOptions.Center;
label.VerticalOptions = LayoutOptions.Center;

this.Content = label;
```

▶名前空間

XAMLにも名前空間があります。

```
xmlns:x="http://schemas.microsoft.com/winfx/2009/xaml"
```

コロンの左側が名前空間です。上記のコードはxmlns名前空間のx属性にURLを指定するという意味です。C#の名前空間と同様に、同じ名前による要素や属性の重複を回避するために利用します。

▶マークアップ拡張

XAMLの機能を拡張する際に利用します。マークアップ拡張については随時解説しますが、「{」と「}」で囲んで記述します。

▶XAMLのコメント

XAMLでは「<!--」と「-->」に挟まれた部分はコメントとして扱います。

```
<!--ここの行はコメントです。-->
```

■ コードビハインド

MainPage.xamlのContentPageに次の行がありました。

```
x:Class="HelloXamarin_Forms.MainPage">
```

これは、コードビハインドと呼ばれるxamlと対になるxaml.csという拡張子のファイルに記述するクラス名を指定しています。この場合、HelloXamarin_FormsプロジェクトのMainPageクラスを指します。

Hello Worldでも紹介しましたが、コードビハインドにはXAMLで定義した画面に対するコードを記述します。たとえば、ボタンがクリックされた際のイベントハンドラーなどです。

もう少し説明すると、MainPage.xaml.csに記述されたMainPageクラスは次のようにpartialキーワードが付けられています。partialキーワードが付いたクラスは同名のクラスの一部分を定義したクラスです。

```
public partial class MainPage : ContentPage
```

XAMLがC#のクラスをXMLで表現したものということを思い出していただければ、MainPage.xamlのContentPage要素もx:Classで指定していたようにMainPageクラスであり、コードビハインドはその一部分ということが理解しやすいと思います。

▶ コードビハインドからXAMLの要素にアクセスする

XAML側でx:Name属性を指定すると、その指定された値を利用してコードビハインドからアクセスすることが可能です。

```
<Label Text="Welcome to Xamarin Forms!"
       x:Name="label"
       VerticalOptions="Center"
       HorizontalOptions="Center" />
```

「label」というx:Name属性を持つLabel要素には、コードビハインドから次のようにアクセスできます。

```
this.label.Text = "update text";
```

SECTION-018

データバインディング

ここでは、データバインディングについて説明します。

■データバインディングの基礎

データバインディングはXAMLを利用する上で重要な機能の1つです。前述（127ページ）のコードはデータバインディングを利用していません。

```
this.label.Text = "update text";
```

XAML側のLabel要素にアクセスして、Text属性（C#的にはTextフィールド）の値を変更しました。

しかし、これではデザイン変更でLabelがButtonに変更になったような場合にコード側に変更が発生してしまいます。このように影響し合うことを密結合といい、より影響を少なくした結合を疎結合といいます。

データバインディングは疎結合を実現することができる機能です。

▶XAML側の記述

データバインディングを利用するXAMLコードは次の通りです。

```
<Label Text="{Binding Path=labelText}"
       VerticalOptions="Center"
       HorizontalOptions="Center" />
```

LabelのText属性の「{Binding Path=labelText}」部分がそれです。「{}」で囲まれた記述はマークアップ拡張です。また、コードビハインドから使用するためのx:Name属性が不要になっています。

この記述はlabelTextというプロパティとText属性の値をバインド（紐づけ）するという意味です。

▶C#側の記述

コードビハインド側は次のように記述します。

```
public partial class MainPage : ContentPage
{
    public string labelText { get; set; }

    public MainPage()
    {
        InitializeComponent();

        this.labelText = "Update Text";
```

```
        this.BindingContext = this;
    }
}
```

　MainPageクラスにlabelTextというプロパティを追加します。MainPageクラスのBindingContextプロパティにMainPageクラス自身(this)を渡します。必ずしもMainPageクラス自身を渡す必要はなく、labelTextというプロパティを持ったクラスであれば構いません。BindingContextに指定したクラスのlabelTextがXAML側の「{Binding Path=labelText}」という部分で利用されます。

　このようにデータバインディングを用いると画面(XAML)側のどのコントロールが変更になっても参照するデータが文字列であればコードを変更する必要はありません。

　次のコードはLabelをButtonに変更した場合のXAMLコードです。MainPage.xaml側のみ変更で対応できます。

```
<Button Text="{Binding Path=labelText}"
        VerticalOptions="Center"
        HorizontalOptions="Center" />
```

▶ BindingContextの伝播

　コードビハインドのBindingContextはthis(MainPage)のプロパティでした。

　XAML側でデータバインディングを用いているのはMainPageではなく、入れ子になったLabelコントロールでした。BindingContextは親のコントロールに指定しておけば、子要素にも伝播することを覚えておいてください。データバインディングを行うには伝播するのは便利ですが、知らないと動作に戸惑うでしょう。

■ 変更を通知する

　先ほどのデータバインディングのコードを次のように変更します。

```
public partial class MainPage : ContentPage
{
    public string labelText { get; set; }

    public MainPage()
    {
        InitializeComponent();

        this.BindingContext = this;

        // BindingContextに代入した後でデータを変更する
        this.labelText = "Update Text";
    }
}
```

■ SECTION-018 ■ データバインディング

　このコードを実行してもLabelには文字が表示されません。データバインディングで値が自動でXAML側に通知されるのは、BindingContextにデータを代入したときだけだからです。
　試しに次のコードを実行しても、これもうまく動作しません。

```
this.BindingContext = this;

this.labelText = "Update Text";

// XAML側の値が変更されるのがBindingContextに値を代入した時点であれば、
// もう一度代入すれば変更が通知されるのでは？
// 結果は再度代入しても変更は通知されない
this.BindingContext = this;
```

　BindingContextへの代入後に値の変更を通知するには別の仕組みが必要になります。

▶INotifyPropertyChanged

　変更を通知するためには、BindingContextに代入するクラスがINotifyPropertyChangedインターフェイスを実装してある必要があります。
　MainPage.xaml.csではなく別にクラスを用意することにします。

```
class SampleNotify : INotifyPropertyChanged
{
    // 通知はイベントなのでeventキーワードを用いる
    // PropertyChangedEventHandler型のPropertyChangedというイベントを用意する
    public event PropertyChangedEventHandler PropertyChanged;

    // 以下はlabelTextプロパティ
    // set部分で値が変更してあった場合に通知を行う
    private string _labelText;

    public string labelText
    {
        get { return _labelText; }
        set
        {
            if (this._labelText != value)
            {
                // プロパティに変更を通知する
                // 第1引数に発生元(自分自身)、
                // 第2引数はPropertyChangedEventArgs型に変更があったプロパティ名を渡したもの
                this.PropertyChanged(this, new PropertyChangedEventArgs("labelText"));
            }
            _labelText = value;
        }
    }
}
```

MainPage.xaml.cs側は上記のSampleNotifyクラスのインスタンスをBindingContextに渡します。

```
public partial class MainPage : ContentPage
{
    private SampleNotify _sampleNotify;

    public MainPage()
    {
        InitializeComponent();

        this._sampleNotify = new SampleNotify();

        this.BindingContext = this._sampleNotify;

        this._sampleNotify.labelText = "Update Text";
    }
}
```

　XAMLは変更ありません。これでBindingContextに代入後に値を変更しても通知され、ラベルの表示が変更されます。

XAMLの属性同士のバインド

　XAMLの属性同士をバインドすることも可能です。次のXAMLを実行するとスライダーをスライドさせることによって、ラベルの表示が切り替わります。

```
<?xml version="1.0" encoding="utf-8" ?>
<ContentPage xmlns="http://xamarin.com/schemas/2014/forms"
             xmlns:x="http://schemas.microsoft.com/winfx/2009/xaml"
             xmlns:local="clr-namespace:App14"
             x:Class="xamlBindingSample.MainPage">
    <StackLayout>
        <Slider x:Name="slider"/>

        <Label Text="{Binding Value, Source={x:Reference Name=slider}}"
            VerticalOptions="Center"
            HorizontalOptions="Center" />
    </StackLayout>
</ContentPage>
```

■ SECTION-018 ■ データバインディング

■ データバインディングの方向

これまでの例はコード側の値をXAML側に反映させるものでした。逆にXAML側でユーザーの操作により入力された文字をコードにバインドすることも可能です。

SampleNotifyクラスを用いたデータバインディングのXAMLを次のように書き換えます。

```
<StackLayout>
    <Label Text="{Binding Path=labelText}}"
        VerticalOptions="Center"
        HorizontalOptions="Center" />
    <Entry x:Name="entry" Text="{Binding Path=labelText}" />
</StackLayout>
```

Entryは1行の文字入力を行えるコントロールです。Label、EntryともにText属性にlabelTextへのバインドを行っています。

プログラムを実行し、入力フォームの文字を変更するとラベル側も変更されます。これはコード側のSampleNotifyのlabelTextプロパティが変更され、通知が行われているからです。SampleNotifyクラスのlabelTextのセッター（set）部分にブレークポイントを仕掛けておけばそのことが確認できます。

■ SECTION-018 ■ データバインディング

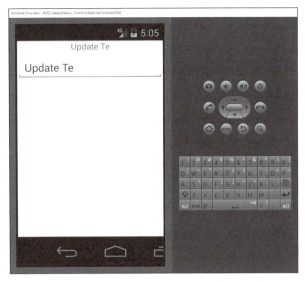

　LabelコントロールのText属性を変更してもコードの変更は行われません。これは2つのコントロールのText属性のデータバインディングの方向が異なるからです。データバインディングの方向は次のような値を持ちます。

方向	説明
Default	データバインディングのターゲットとなるコントロールが初期状態で指定されている方向になる
OneWay	ソースのプロパティの変更がコントロールへ通知される
OneWayToSource	コントロールの属性の変更がソースへ通知される
TwoWay	双方向に変更が通知される

　指定がない場合はDefaultとなります。今回のXAMLもデータバインディングの方向を指定していないのでLable、EntryともにDefaultの値となります。これらの値はBindingMode列挙体に定義されています。
　LabelとEntryのTextプロパティのデータバインディングの方向は下記から取得できます。

```
BindingMode mode = Label.TextProperty.DefaultBindingMode;
```

```
BindingMode mode = Entry.TextProperty.DefaultBindingMode;
```

　LabelのTextはOneWay、EntryのTextはTwoWayであることが確認できます。このようにEntryはDefaultで双方向に通知を行うように設定されているので、値を変更するとコード側も変更が行われるのです。
　Defaultではなく、値を明示的に指定する場合は次のように記述します。

```
<Entry x:Name="entry" Text="{Binding Path=labelText, Mode=OneWayToSource}" />
```

BindablePropertyとBindableObject

　先述のLabel.TextPropertyの型を確認するとBindableProperty型ということがわかります。コントロールのプロパティがデータバインディングに対応できているのはBindableProperty型だからです。基本的に多くのプロパティがBindableProperty型なので普段はあまり気にする必要はありませんが、自身でコントロールを拡張したりする場合には思い出す必要があります。

　データバインディングに関係するもう1つの型がBindableObjectです。Labelのようなデータバインディングが可能なコントロールの継承関係を調べていくとBindableObjectを継承していることがわかります。BindableObjectはobject型のBindingContextプロパティを持つことからわかるようにデータバインディングの仕組みはBindableObjectで実装されています。

コードからのデータバインディング

　XAML側ではなく、コードからデータバインディングの指定を行うことも可能です。先述のBindableObject型がSetBindingメソッドを持っているので、こちらを利用します。

```
// XAML側のLableコントロールのx:Name属性にlabelを指定した場合
this.label.SetBinding(Label.TextProperty, "labelText", BindingMode.OneWay);
```

コレクションへのデータバインディング

　ListViewなどのリスト系のコントロールにデータを表示した場合はListなどのコレクションをバインドします。

　ここにシンプルなnameプロパティのみを持つPersonクラスを用意します。

```
class Person
{
    public string name { get; set; }
}
```

　PersonクラスのコレクションをListViewにデータバインディングするコードは、次のようになります。

```
public partial class MainPage : ContentPage
{
    List<Person> personList = new List<Person>();

    public MainPage()
    {
        InitializeComponent();

        personList.Add(new Person() { name = "西村" });
        personList.Add(new Person() { name = "川上" });

        listView.ItemsSource = personList;
    }
}
```

List型のフィールドをListViewコントロールのItemsSourceに代入しています。XAML側では次のようにListViewのx:Name属性に「listView」という値を指定しています。

```xml
<?xml version="1.0" encoding="utf-8" ?>
<ContentPage xmlns="http://xamarin.com/schemas/2014/forms"
             xmlns:x="http://schemas.microsoft.com/winfx/2009/xaml"Items
             xmlns:local="clr-namespace:ListViewSample"
             x:Class="ListViewSample.MainPage">
    <ListView x:Name="listView">
        <ListView.ItemTemplate>
            <DataTemplate>
                <ViewCell>
                    <Label Text="{Binding Path=name}" />
                </ViewCell>
            </DataTemplate>
        </ListView.ItemTemplate>
    </ListView>
</ContentPage>
```

ListView.ItemTemplateはリスト表示する各項目（アイテム）のテンプレートです。ItemTemplateの型はDataTemplate型で、その中にViewCellなどのセルと呼ばれる形式で構造を指定します。セルには「TextCell」「ImageCell」「EntryCell」などがあります。今回の場合、ViewCellの中にLabelコントロールが配置されています。

```xml
<ViewCell>
    <Label Text="{Binding Path=name}" />
</ViewCell>
```

バインディングの対象はコレクション（今回の場合はList）の要素（今回の場合はPersonクラス）のプロパティである点が非コレクションのバインディングと異なる点です。

ListViewのItemsSourceではなくBindingContextを使う

これまでのデータバインディングはMainPage（ContentPageを継承している）のBindingContextを利用していましたが、ListViewのサンプルではListViewのItemsSourceにコレクションを代入しました。これをBindingContextを利用するように変更するにはXAML側を次のように修正します。

```xml
<ListView x:Name="listView" ItemsSource="{Binding}">
    <ListView.ItemTemplate>
        <DataTemplate>
            <ViewCell>
                <Label Text="{Binding Path=name}" />
            </ViewCell>
        </DataTemplate>
    </ListView.ItemTemplate>
</ListView>
```

■ SECTION-018 ■ データバインディング

　ListViewのItemsSourceを「{Binding}」とすることでBindingContextの値をItemsSourceで利用できます。コード側を次のようにBindingContextを利用するように修正します。

```
personList.Add(new Person() { name = "西村" });
personList.Add(new Person() { name = "川上" });


this.BindingContext = personList;
```

コレクションの変更を通知する

たとえば、次のようにボタンをクリックするイベントを追加します。

```
private void button_Clicked(object sender, System.EventArgs e)
{
    // ボタンイベントなどアプリケーション実行中にコレクションのデータを変更する
    personList.Add(new Person() { name = "山田" });
}
```

　このままでは、ボタンをクリックした際に「山田」さんはリストには表示されません。コレクションの変更を通知するためにはListの代わりにObservableCollectionを利用します。

```
ObservableCollection<Person> personList = new ObservableCollection<Person>();
```

SECTION-019

Xamarin.Formsのコントロール

もう少し具体的にXmarin.Formsで利用するコントロールについて見てみましょう。

■ レイアウト用のコントロール

まずは画面に配置するボタンや画像などの表示位置を調整するレイアウト用のコントロールを紹介します。

124ページでMainPage.xamlで利用しているContentPageのContentPropertyはView型のプロパティなので、次のようにLabelコントロールなどを持つことができると説明しました。

```
<ContentPage>
    <Label/>
</ContentPage>
```

ContentPageの定義のContentPropertyに関わる部分は次の通りです。

```
// XAMLのタグを入れ子にした場合、子要素はContentPropertyで指定したプロパティに代入される
[ContentProperty("Content")]
public class ContentPage : TemplatedPage
{
    // 省略

    // ContentPropertyであるContentはView型なので、View継承したコントロールを1つ入れ子にできる
    public View Content { get; set; }
}
```

Contentに指定できるのはView型のフィールドです。それでは画面にLabelとButtonの2つを配置したい場合どのように記述すればよいでしょうか。

```
<!-- ContentPageの記述は読みやすいように属性を省略してあります -->
<ContentPage>
    <Label Text="Welcome to Xamarin Forms!"
           VerticalOptions="Center"
           HorizontalOptions="Center" />
    <Button VerticalOptions="Start"
            Text="ボタン"
            HorizontalOptions="Start"
            WidthRequest="100"
            HeightRequest="100" />
</ContentPage>
```

このXAMLは後から記述したButtonしか画面に表示されません。ContentPageは1つのコントロールしかContentPropertyに持てないため、一方しか表示されません。

複数のコントロールを画面に配置するためには主に、次のコントロールを利用します。
- StackLayout
- Grid
- AbsoluteLayout
- RelativeLayout

画面レイアウトに便利なコントロールという点では共通ですが、それぞれに性質が異なります。また、今回紹介するレイアウト用のコントロール以外にもレイアウト用のコントロールがあります。詳しくは下記のドキュメントを参照ください。
- Layouts
  URL https://developer.xamarin.com/guides/xamarin-forms/user-interface/controls/layouts/

StackLayout
　StackLayoutはコントロールをスタック（積み重ね）して表示することができます。積み重ねる方向はOrientation属性で指定します。Orientationは垂直方向に積み重ねる「Vertical」と水平方向に積み重ねる「Horizontal」の2つが指定可能です。

　「Vertical」を指定すると、子要素のButtonコントロールは垂直に配置されます。

```
<StackLayout Orientation="Vertical">
    <Button VerticalOptions="Start" Text="ボタン" HorizontalOptions="Start"
            WidthRequest="100" HeightRequest="60" />
    <Button VerticalOptions="Start" Text="ボタン" HorizontalOptions="Start"
            WidthRequest="100" HeightRequest="60" />
    <Button VerticalOptions="Start" Text="ボタン" HorizontalOptions="Start"
            WidthRequest="100" HeightRequest="60" />
    <Button VerticalOptions="Start" Text="ボタン" HorizontalOptions="Start"
            WidthRequest="100" HeightRequest="60" />
    <Button VerticalOptions="Start" Text="ボタン" HorizontalOptions="Start"
            WidthRequest="100" HeightRequest="60" />
</StackLayout>
```

■ SECTION-019 ■ Xamarin.Formsのコントロール

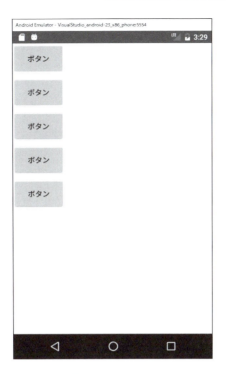

```
<StackLayout Orientation="Horizontal">
    <Button VerticalOptions="Start" Text="ボタン" HorizontalOptions="Start"
            WidthRequest="100" HeightRequest="60" />
    <Button VerticalOptions="Start" Text="ボタン" HorizontalOptions="Start"
            WidthRequest="100" HeightRequest="60" />
    <Button VerticalOptions="Start" Text="ボタン" HorizontalOptions="Start"
            WidthRequest="100" HeightRequest="60" />
    <Button VerticalOptions="Start" Text="ボタン" HorizontalOptions="Start"
            WidthRequest="100" HeightRequest="60" />
    <Button VerticalOptions="Start" Text="ボタン" HorizontalOptions="Start"
            WidthRequest="100" HeightRequest="60" />
</StackLayout>
```

「Horizontal」を指定すると、子要素のButtonコントロールは垂直に配置されます。

■ SECTION-019 ■ Xamarin.Formsのコントロール

▶ StackLayoutのContentProperty

StackLayoutの定義を見ると、次のようにLayout<View>を継承していることがわかります。

```
public class StackLayout : Layout<View>
{
```

Layout<View>の定義からContentPropertyがChildrenであることがわかります。Childrenは Childの複数形なので、ここからも子要素を複数持てることが推測できます。

```
[ContentProperty("Children")]
public abstract class Layout<T> : Layout, IViewContainer<T> where T : View
```

ChildrenプロパティはIList型のコレクションです。

```
public IList<T> Children { get; }
```

StackLayoutに限らず、ここで紹介するレイアウト用のコントロールはLayout<View>を継承しています。

▌Grid

Gridはコントロールを画面を格子状（グリッド）に区切り、任意の位置に配置できるコントロールです。格子状に横に区切る場合はRowDefinitionを、縦に区切る場合はColumnDefinitionを指定します。

次のXAMLコードでは画面を横3行、縦2列に分割し、ボタンを配置しています。

140

```
<Grid>
    <Grid.RowDefinitions>
        <RowDefinition Height="*" />
        <RowDefinition Height="*" />
        <RowDefinition Height="*" />
    </Grid.RowDefinitions>
    <Grid.ColumnDefinitions>
        <ColumnDefinition Width="*" />
        <ColumnDefinition Width="*" />
    </Grid.ColumnDefinitions>
    <Button Grid.Column="0" Grid.Row="0" VerticalOptions="Start" Text="A"
            HorizontalOptions="Start" WidthRequest="100" HeightRequest="60" />
    <Button Grid.Column="0" Grid.Row="1" VerticalOptions="Start" Text="B"
            HorizontalOptions="Start" WidthRequest="100" HeightRequest="60" />
    <Button Grid.Column="0" Grid.Row="2" VerticalOptions="Start" Text="C"
            HorizontalOptions="Start" WidthRequest="100" HeightRequest="60" />
    <Button Grid.Column="1" Grid.Row="0" VerticalOptions="Start" Text="D"
            HorizontalOptions="Start" WidthRequest="100" HeightRequest="60" />
    <Button Grid.Column="1" Grid.Row="1" VerticalOptions="Start" Text="E"
            HorizontalOptions="Start" WidthRequest="100" HeightRequest="60" />
</Grid>
```

まず実行結果を見てみましょう。

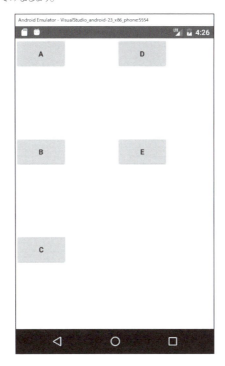

▶ Gridに対する子コントロールの位置

Aと書かれたボタンは1行目1列に配置されています。Gridに対するボタンの配置位置は「Grid.Column="0" Grid.Row="0"」というButtonコントロールの属性で行われています。この場合、Grid.ColumnがGridの横何列目に表示するか、Grid.Rowが縦の何行目に表示するかを表し、それぞれ0から始まる数字で指定します。

▶ 分割の指定

次のコードは均等に1対1で横に分割しています。

```
<Grid.ColumnDefinitions>
    <ColumnDefinition Width="*" />
    <ColumnDefinition Width="*" />
</Grid.ColumnDefinitions>
```

わかりやすいようにButtonコントロールをGridの格子いっぱいに広げます。

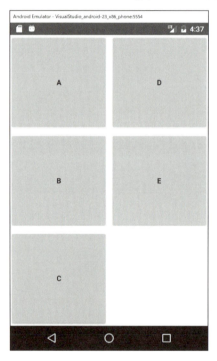

たとえばこれを2対1の比率で分割したい場合は、次のように指定します。

```
<Grid.ColumnDefinitions>
    <ColumnDefinition Width="2*" />
    <ColumnDefinition Width="*" />
</Grid.ColumnDefinitions>
```

■ SECTION-019 ■ Xamarin.Formsのコントロール

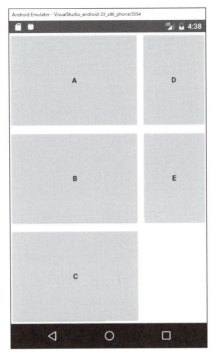

　数値で指定することもできます。次のコードは1列目が80ピクセル、2列目は後残り部分とい
う分割です。

```
<Grid.ColumnDefinitions>
    <ColumnDefinition Width="80" />
    <ColumnDefinition Width="*" />
</Grid.ColumnDefinitions>
```

■ SECTION-019 ■ Xamarin.Formsのコントロール

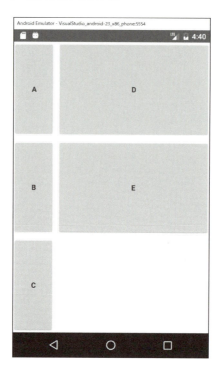

AbsoluteLayout

AbsoluteLayoutは絶対座標でコントロールの配置を指定できます。また、同様の位置に配置したコントロールを重ねて表示することができます。

ContentPageではボタンしか表示されなかったコードをAbsoluteLayoutに置き換えてみます。

```
<AbsoluteLayout>
    <Label Text="Welcome to Xamarin Forms!"
        VerticalOptions="Center"
        HorizontalOptions="Center" />
    <Button VerticalOptions="Start" Text="ボタン" HorizontalOptions="Start"
            WidthRequest="100" HeightRequest="100" />
</AbsoluteLayout>
```

■ SECTION-019 ■ Xamarin.Formsのコントロール

▶ LayoutBounds

　親要素のAbsoluteLayoutから横40ピクセル、縦150ピクセルの位置に、幅200ピクセル、高さ40ピクセルのボタンを配置したい場合は次のようにAbsoluteLayout.LayoutBounds属性で指定します。

```
<AbsoluteLayout>
    <Label Text="Welcome to Xamarin Forms!"
        VerticalOptions="Center"
        HorizontalOptions="Center" />
    <Button AbsoluteLayout.LayoutBounds="40, 150, 200, 40" Text="ボタン" />
</AbsoluteLayout>
```

■ SECTION-019 ■ Xamarin.Formsのコントロール

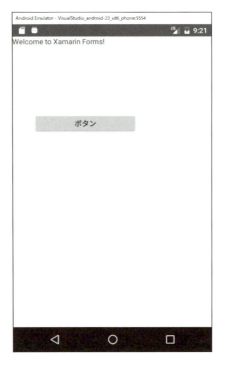

▶LayoutFlags

先ほどのLayoutBoundsの指定はピクセルでしたが、たとえば親要素から見て中心に配置したいなどの比率で指定したい場合などはLayoutFlags属性を利用します。

```
<Button AbsoluteLayout.LayoutFlags="PositionProportional"
        AbsoluteLayout.LayoutBounds="0.5, 0.5" Text="ボタン" />
```

■ SECTION-019 ■ Xamarin.Formsのコントロール

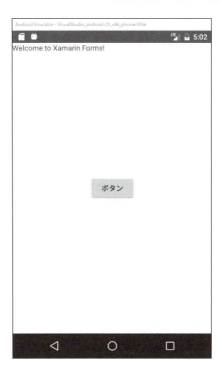

RelativeLayout

RelativeLayoutは対象のコントロールと相対的にコントロールを配置することができます。たとえば、次ではButtonコントロールの幅をRelativeLayoutコントロールの幅の半分に指定しています。

```
<RelativeLayout >
    <Button
        RelativeLayout.WidthConstraint = "{ConstraintExpression
            Type=RelativeToParent,
            Property=Width,
            Factor=0.5,
            Constant=0}"
        Text="ボタン" />
</RelativeLayout>
```

RelativeLayoutの指定ではConstraintExpressionマークアップ拡張を利用します。幅（Width）の値を相対的に指定したい場合はRelativeLayout.WidthConstraint属性を利用します。

ConstraintExpressionの指定は次の項目を設定します。

項目	説明
Type	相対的に指定する対象（RelativeToParentは親コントロールを対象にするという意味）
Property	相対的に指定する対象のプロパティ（今回は親の幅の半分を指定したいのでWidth）
Factor	相対的に指定する値（0.5は半分という意味）
Constant	Factor以外に調整する値（今回のコードで100を指定すれば、親の幅の半分+100ピクセルという指定になる）

レイアウト以外の主なコントロール

続いてレイアウト用のコントロール以外の主なコントロールを紹介します。ここで紹介するコントロールはすべてではありません。詳しくは次のドキュメントを参照ください。

- Xamarin.Forms Views

  URL https://developer.xamarin.com/guides/xamarin-forms/user-interface/controls/views/

▶ ActivityIndicator

ActivityIndicatorコントロールは処理中を表すローディングを表示します。

 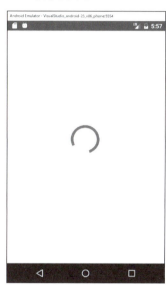

```
<ActivityIndicator IsRunning="True" VerticalOptions="Center" HorizontalOptions="Center"
        WidthRequest="80" HeightRequest="80"/>
```

IsRunningプロパティをTrueにすることで処理中表示になります。

▶ BoxView

BoxViewコントロールは四角形を表示します。

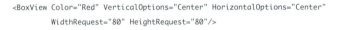

```
<BoxView Color="Red" VerticalOptions="Center" HorizontalOptions="Center"
         WidthRequest="80" HeightRequest="80"/>
```

Color属性で色を指定できます。

▶Button

Buttonコントロールはこれまで何度も登場しましたが、クリック可能なボタンです。

```
<Button Text="ボタンです" Clicked="Button_Clicked"/>
```

▶ DatePicker

DatePickerコントロールは日付を選択するダイアログを表示します。DatePickerの表示は、iOSとAndroidで位置などが異なります。

```
<DatePicker Format="D" VerticalOptions="CenterAndExpand"/>
```

▶ TimePicker

TimePickerコントロールは時刻を選択するダイアログを表示します。

```
<TimePicker Format="T" VerticalOptions="CenterAndExpand"/>
```

■ SECTION-019 ■ Xamarin.Formsのコントロール

▶ Entry

Entryコントロールは文字を入力するフォームを表示します。

```
<Entry VerticalOptions="Start" HorizontalOptions="Start"
       WidthRequest="300" HeightRequest="40"/>
```

▶ Image

Imageコントロールを利用すれば画像を表示することができます。

```
<Image VerticalOptions="Start" HorizontalOptions="Start" WidthRequest="300" HeightRequest="300"
       Source="http://coelacanth.heteml.jp/blog/wp-content/uploads/2013/08/cropped-icon.png"/>
```

▶ ListView

ListViewコントロールでは、データの一覧を表示することができます。

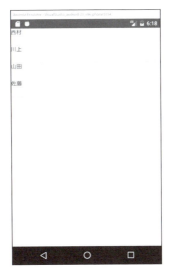

ListViewコントロールにコレクションを指定する方法は134ページを参照してください。

▶ Label

Labelコントロールは文字を表示することができます。

```
<Label Text="Welcome to Xamarin Forms!"
       VerticalOptions="Center"
       HorizontalOptions="Center" />
```

■ SECTION-019 ■ Xamarin.Formsのコントロール

▶ Picker

Pickerコントロールは複数の選択肢から1つを選ぶ場合に利用します。

```
<Picker
    VerticalOptions="Center"
    HorizontalOptions="Center" WidthRequest="300" Title="文字を選択してください">
    <Picker.Items>
        <x:String>A</x:String>
        <x:String>B</x:String>
        <x:String>C</x:String>
    </Picker.Items>
</Picker>
```

▶ ProgressBar

ProgressBarコントロールは処理の進捗を表示します。ActivityIndicatorは処理中であることを表示しましたが、こちらは進捗具合を割合で表示します。

```
<ProgressBar Progress="0.8" HorizontalOptions="Center" VerticalOptions="Center"
             WidthRequest="300" HeightRequest="40"/>
```

▶ Slider

Sliderコントロールは値を増減するためのスライダーを表示します。

■ SECTION-019 ■ Xamarin.Formsのコントロール

```
<StackLayout>
    <Slider x:Name="slider" HorizontalOptions="Center" VerticalOptions="Center"
            WidthRequest="300" HeightRequest="40"/>
    <Label Text="{Binding Value, Source={x:Reference Name=slider}}"
            WidthRequest="200" HeightRequest="40"/>
</StackLayout>
```

▶ Switch

SwitchコントロールはON/OFFを切り替えられるスイッチを表示します。

```
<Switch  HorizontalOptions="Start" VerticalOptions="Start" />
```

▶ WebView

WebViewコントロールはWebサイトを表示できるコントロールです。

```
<WebView HorizontalOptions="Fill" VerticalOptions="Fill" Source="http://coelacanth.jp.net/" />
```

CHAPTER 06

iOSとAndroidで作り分ける

SECTION-020

画面を作り分ける

　Xamarin.AndroidとXamarin.iOSを利用した開発では、それぞれの画面をそれぞれのネイティブな手法で作成するため、画面の作り分けは必要ありません。
　画面の作り分けに関してはXamarin.Forms向けの対応を紹介します。

▌Device.OnPlatform

　OnPlatformはシンプルな方法でコントロールのプロパティをプラットフォームごとに変更する仕組みを提供してくれます。
　たとえば、iOSの場合に画面上部のメニュー分、20ピクセルをPaddingで加える修正は次のように行います。

```
<ContentPage.Padding>
    <OnPlatform x:TypeArguments="Thickness">
        <OnPlatform.iOS>
            0, 20, 0, 0
        </OnPlatform.iOS>
        <OnPlatform.Android>
            0, 200, 0, 0
        </OnPlatform.Android>
        <OnPlatform.WinPhone>
            0, 0, 0, 0
        </OnPlatform.WinPhone>
    </OnPlatform>
</ContentPage.Padding>
```

　変更したいプロパティのタグ（今回の場合はContentPage.Padding）の中にOnPlatformを記述します。OnPlatformタグにはx:TypeArgumentsとしてプロパティの型を指定します（Thickness）。
　iOSの場合はOnPlatform.iOSという具合に、各プラットフォームの値を設定します。
　同じ処理をコードで記述すると、次のようになります。

```
Padding = new Thickness(0, Device.OnPlatform(20, 0, 0), 0, 0);
```

Effect

　Effectを利用すると、各プラットフォームのネイティブなコントロールを操作することができます。Xamarin.FormsのコントロールはiOS、Androidのどちらでも動作する必要があるため、それぞれのコントロールの共通した機能しか利用できませんでした。

　Effectでは、Xamarin.Formsで文字を表示するためのLabelコントロールではなく、AndroidのTextView、iOSのUILabelというそれぞれの文字表示用のコントロールを取得、操作することができます。

　Effectの実装は次のような流れで行います。

1. AndroidとiOS用のプロジェクトにそれぞれPlatformEffectクラスを継承したクラスを追加する。
2. 追加したクラスにOnAttachedとOnDetachedという2つのメソッドを実装する。ここでコントロールを操作する。
3. 共通プロジェクトにRoutingEffectクラスを継承したクラスを追加する。
4. コントロールにEffectを適用する。

　例として、Xamarin.Formsのコントロールである、LabelクラスをEffectを用いて操作してみます。Effectを利用するために、それぞれのプロジェクトにPlatformEffectを継承したクラスを追加します。

　Androidのプロジェクトのコードは次の通りです。

```
using System;
using System.Collections.Generic;
using System.Linq;
using System.Text;

using Android.App;
using Android.Content;
using Android.OS;
using Android.Runtime;
using Android.Views;
using Android.Widget;

// usingの追記は以下の2行
using Xamarin.Forms;
using Xamarin.Forms.Platform.Android;

[assembly: ResolutionGroupName("EffectSample")]
[assembly: ExportEffect(typeof(EffectSample.Droid.SampleEffect), "SampleEffect")]
namespace EffectSample.Droid
{
    class SampleEffect : PlatformEffect
    {
```

```
            protected override void OnAttached()
            {
                // TextViewはAndroidのネイティブクラス
                var label = (TextView)Control;

                label.Text = "これはAndroidです";
            }

            protected override void OnDetached()
            {
            }
        }
    }
```

▶ ResolutionGroupName属性とExportEffect属性

　using句の後に2つの属性が記述されています。ResolutionGroupNameは名前空間（namespace）のような役割をします。続くExportEffectと組み合わせて、プラットフォームごとのEffectを識別します。

▶ PlatformEffectを継承したクラス

　クラスはPlatformEffectを継承します。ここではSampleEffectクラスとしました。SampleEffectクラスはOnAttachedとOnDetachedという2つのメソッドを実装する必要があります。
　OnAttachedはコントロールが作成される際に行う処理を、OnDetachedは逆にコントロールが破棄される際の処理を記述します。

▶ TextViewクラスを取得する

　OnAttachedメソッド内でTextViewクラスを取得しています。TextViewクラスはAndroidで文字を表示するためのクラスです。このようにAndroidであればAndroidネイティブなコントロールを使用することができます。
　文字を書き換えるためにTextViewのTextプロパティに値を代入しています。
　iOS側のコードは次の通りです。

```
using System;
using System.Collections.Generic;
using System.Linq;
using System.Text;

using Foundation;
using UIKit;

// usingの追加は以下の2行

using Xamarin.Forms;
using Xamarin.Forms.Platform.iOS;
```

■ SECTION-020 ■ 画面を作り分ける

```
[assembly: ResolutionGroupName("EffectSample")]
[assembly: ExportEffect(typeof(EffectSample.iOS.SampleEffect), "SampleEffect")]
namespace EffectSample.iOS
{
    class SampleEffect : PlatformEffect
    {
        protected override void OnAttached()
        {
            // UILabelはiOSのネイティブコントロール
            var label = (UILabel)Control;

            label.Text = "これはiOSです";
        }

        protected override void OnDetached()
        {
        }
    }
}
```

　基本的な処理の流れはAndroidと同様ですが、iOSの文字表示用のコントロールUILabelを利用しています。

　続いて共通プロジェクトに次ようなSampleEffect.csファイルを追加します。

```
using System;
using System.Collections.Generic;
using System.Linq;
using System.Text;
using System.Threading.Tasks;
using Xamarin.Forms;

namespace EffectSample
{
    class SampleEffect : RoutingEffect
    {
        public SampleEffect() : base("EffectSample.SampleEffect")
{
        }
    }
}
```

　最後にEffectを適用したいLabelコントロールを次のように書き換えます。

```
<Label Text="Welcome to Xamarin Forms!"
       VerticalOptions="Center"
       HorizontalOptions="Center">
```

■ SECTION-020 ■ 画面を作り分ける

```
    <Label.Effects>
        <local:SampleEffect
 />
    </Label.Effects>
</Label>
```

iOS、Androidそれぞれのプロジェクトをデバッグ実行して、表示が異なることを確認します。

◉ iOSでのデバッグの結果

◉ Androidでのデバッグの結果

Custom Renderer

　Effectがネイティブなコントロールにアクセスする仕組みであったのに対して、Custom RendererはXamarin.Formsのコントロールを拡張してプラットフォームごとの作り分けを可能にする仕組みです。

　Custom Rendererの仕組みを理解するための簡単なサンプルとしてLabelコントロールを継承したCustomLabelを作成して、各プラットフォームで表示を切り分けてみます。

　Custom Rendererの実装は次のような流れで行います。

1 共有プロジェクトにLabelを継承したCustomLabelを作成する。

2 iOS、Android各プロジェクトにCustomLabelを利用するためのCustomLabelRendererクラスを追加する。

3 XAMLからCustomLabelを利用する。

　まず次のようなCustomLabelクラスを共通プロジェクトに作成します。

```
using System;
using System.Collections.Generic;
using System.Linq;
using System.Text;
using System.Threading.Tasks;

// 以下のusingを追加
using Xamarin.Forms;

namespace CustomRenderersSample
{
    // Labelを継承したCustomLabelクラスを共通プロジェクトに配置する

    public class CustomLabel : Label
    {
        private string _customText;

        public string customText
        {
            get { return _customText; }
            set
            {
                // ここでTextプロパティを更新する
                this.Text = value + "のCustom Renderer";
                _customText = value;
            }
        }
    }
}
```

■ SECTION-020 ■ 画面を作り分ける

　続いてiOS側のプロジェクトにRendererクラスを追加します。今回はLabelクラスをカスタムするためのLabelRendererを継承したクラスを追加します。

```
using System;
using System.Collections.Generic;
using System.Linq;
using System.Text;

using Foundation;
using UIKit;

// 以下の2行のusingを追加
using Xamarin.Forms;
using Xamarin.Forms.Platform.iOS;

[assembly: ExportRenderer(typeof(CustomRenderersSample.CustomLabel),
                          typeof(CustomRenderersSample.iOS.CustomLabelRenderer))]
namespace CustomRenderersSample.iOS
{
    class CustomLabelRenderer : Xamarin.Forms.Platform.iOS.LabelRenderer
    {
        protected override void OnElementChanged(ElementChangedEventArgs<Label> e)
        {
            base.OnElementChanged(e);
        }

        protected override void OnElementPropertyChanged(object sender, System.ComponentModel.PropertyChangedEventArgs e)
        {
            base.OnElementPropertyChanged(sender, e);

            var label = (CustomLabel)Element;

            label.customText = "iOS";
        }
    }
}
```

▶ExportRenderer

　属性にExportRendererを指定します。ExportRendererにはCustom Rendererで利用したいコントロールの型（今回の場合はCustomLabel）とコントロールを表示するためのRenderクラス（今回の場合はCustomLabelRenderer）を指定します。

▶ LabelRenderer

Labelクラスをカスタマイズしたコントロールを表示するRendererを継承します。

その他、コントロールをカスタムする場合のクラスについては下記のURLを参照ください。

● Renderer Base Classes and Native Controls

URL https://developer.xamarin.com/guides/xamarin-forms/
application-fundamentals/custom-renderer/renderers/

▶ OnElementChanged、OnElementPropertyChanged

CustomLabelRendererクラスのOnElementChanged、OnElementPropertyChangedを実装します。今回はプロパティが変更された際にcustomTextプロパティに「iOS」という文字を設定することにします。

続いてAndroid側のプロジェクトにも同様にCustomLabelRendererクラスを追加します。

```
using System;
using System.Collections.Generic;
using System.Linq;
using System.Text;

using Android.App;
using Android.Content;
using Android.OS;
using Android.Runtime;
using Android.Views;
using Android.Widget;

// 以下の2行のusingを追加
using Xamarin.Forms;
using Xamarin.Forms.Platform.Android;

[assembly: ExportRenderer(typeof(CustomRenderersSample.CustomLabel),
                          typeof(CustomRenderersSample.Droid.CustomLabelRenderer))]
namespace CustomRenderersSample.Droid
{
    class CustomLabelRenderer : Xamarin.Forms.Platform.Android.LabelRenderer
    {
        protected override void OnElementChanged(ElementChangedEventArgs<Label> e)
        {
            base.OnElementChanged(e);
        }

        protected override void OnElementPropertyChanged(object sender,
            System.ComponentModel.PropertyChangedEventArgs e)
        {
            base.OnElementPropertyChanged(sender, e);

            var label = (CustomLabel)Element;
```

```
            label.customText = "Android";
        }
    }
}
```

　処理の流れはほとんどiOS側のCustomLabelRendererと同様です。プロパティ変更時にcustomTextに「Android」と設定します。

　最後にMainPage.xamlを次のように修正します。

```
<?xml version="1.0" encoding="utf-8" ?>
<ContentPage xmlns="http://xamarin.com/schemas/2014/forms"
             xmlns:x="http://schemas.microsoft.com/winfx/2009/xaml"
             xmlns:local="clr-namespace:CustomRenderersSample"
             x:Class="CustomRenderersSample.MainPage">

    <local:CustomLabel customText="Welcome to Xamarin Forms!"
        VerticalOptions="Center"
        HorizontalOptions="Center" />

</ContentPage>
```

　プロジェクトを実行してiOS、Androidで別々の表示がされることを確認します。

●iOSでのデバッグの結果

■ SECTION-020 ■ 画面を作り分ける

●Androidでのデバッグの結果

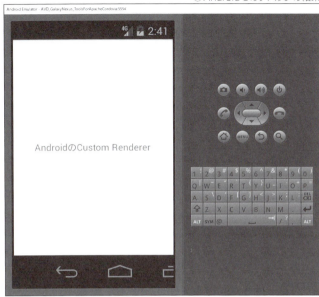

SECTION-021

コードを作り分ける

ここでは、プログラムコード側でプラットフォームごとの処理を行う方法を紹介します。

DependecyService

共通プロジェクトで定義したInterfaceを各プラットフォームで実装し、それをDependencyServiceクラスを通じて呼び出す仕組みです。

DependencyServiceの利用は次の手順で行います。

1 共通プロジェクト側にDependencyServiceで利用したい処理のInterfaceを作成する。
2 各プラットフォームのプロジェクトでInterfaceを実装する。
3 DependencyServiceクラスからInterfaceを呼び出す形で各プラットフォームの処理を呼び出す。

まずは共通プロジェクト側に次のようにインターフェイスを作成します。

```
using System;
using System.Collections.Generic;
using System.Linq;
using System.Text;
using System.Threading.Tasks;

namespace DependencyServiceSample
{
    public interface ISample
    {
        // OS名の文字列を返すメソッド
        string getOSName();
    }
}
```

ISampleインターフェイスにはgetOSNameメソッドを1つ持つこととします。

各プラットフォームのプロジェクトにISampleインターフェイスを実装したクラスを作成します。Androidなら「Androidです。」、iOSなら「iOSです。」と返すシンプルな処理とします。

Android側の実装は次の通りです。

```
using System;
using System.Collections.Generic;
using System.Linq;
using System.Text;

using Android.App;
```

```
using Android.Content;
using Android.OS;
using Android.Runtime;
using Android.Views;
using Android.Widget;
using DependencyServiceSample;

[assembly: Xamarin.Forms.Dependency(typeof(DependencyServiceSample.Droid.Sample))]
namespace DependencyServiceSample.Droid
{
    class Sample : ISample
    {
        public string getOSName()
        {
            return "Androidです。";
        }
    }
}
```

▶ Dependency属性

DependencyServiceで利用するためにクラスにDependency属性を指定します。
iOS側も同様にISampleインターフェイスを実装します。

```
using System;
using System.Collections.Generic;
using System.Linq;
using System.Text;

using Foundation;
using UIKit;

[assembly: Xamarin.Forms.Dependency(typeof(DependencyServiceSample.iOS.Sample))]
namespace DependencyServiceSample.iOS
{
    class Sample : ISample
    {
        public string getOSName()
        {
            return "iOSです。";
        }
    }
}
```

共有プロジェクト側でgetOSNameメソッドを呼び出します。

```
label.Text = DependencyService.Get<ISample>().getOSName();
```

■ SECTION-021 ■ コードを作り分ける

　DependencyServiceのGetメソッドにインターフェイスの型（ISample）を指定して、各プラットフォームの実装（Sampleクラス）を呼び出すことができます。

◉ iOSでのデバッグの結果

◉ Androidでのデバッグの結果

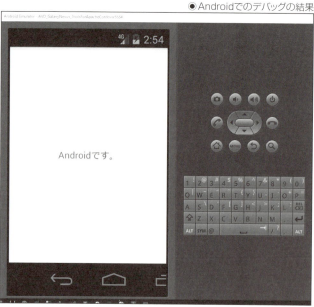

Plugins

　Xamarinでは、プラットフォームごとの機能を呼び出すためのPluginsというライブラリが公開されています。自前で実装する前にPluginsを利用できるか調べてみるとよいでしょう。

- GitHub - xamarin/XamarinComponents: Plugins for Xamarin
  URL　https://github.com/xamarin/XamarinComponents

　なお、189ページで画像を取得するMedia Pluginを利用したサンプルを紹介していますので、そちらも参考にしてください。

ifディレクティブ

　Sharedプロジェクトであれば、次のようにifディレクティブが利用できます。

```
#if __ANDROID__
        label.Text = "Android";
#elif __IOS__
        label.Text = "iOS";
#endif
```

CHAPTER 07
MVVMで作る

SECTION-022

MVVMの概要と導入

ここでは、MVVMの概要について説明します。

■ MVVMとは

MVVMとは、XAMLを用いた開発でよく利用されるクラス設計のパターンです。

MVVMではアプリケーションを役割ごとにView、ViewModel、Modelに大きく分けます。Model-View-ViewModelの大文字の部分を取ってMVVMです。同じような設計のパターンとしてMVC（Model-View-Controll）があり、こちらはWebアプリケーションなどで使われます。MVVMとMVCはクラス設計を3つに分ける点や、View（見た目）とModel（ロジック）を分離するための役割を間に挟む点など共通した部分もあるので、MVC経験者であればMVVMも理解しやすいでしょう。

MVVMを利用することで次のメリットを得ることができます。

- XAMLを用いた開発ではよく利用されるので、開発者同士での設計共有が容易
- 大規模開発で複雑さを軽減できる
- View、ViewModel、Modelという各役割に分離することで依存を軽減できる（後述）

▶ View

画面の見た目を定義する部分です。XAMLを用いた開発ではXAMLで記述する部分が主なViewです。

構造としてViewはViewModelと接続しますが、Modelを呼び出したり、Modelから通知を受けたりはしません。

View、ViewModel、Modelの接続関係は次のようになります。

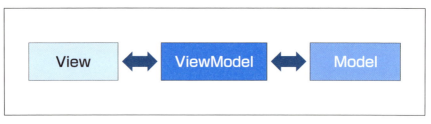

ViewとViewModelのデータのやり取りは前述のデータバインディングとコマンドという機能を利用します。データバインディングは文字通り相互のデータのやり取りに、コマンドはボタンをクリックした際のイベントハンドラーの呼び出しなどのようなメソッドの呼び出しに利用します。

MVVMでのデータバインディングやコマンドは、後ほど実際のコードをもとに詳しく解説します。

▶ ViewModel

View(表示)とModel(ロジック)の中間で両者の橋渡しをするクラスです。XAML特有のデータバインディングやコマンドを受けてModelを操作したり、Model側の変更をViewに伝えたりします。

View側とのやり取りはデータバインディングやコマンドで行うのは前述の通りですが、Modelとのやり取りは、ViewModelからModelはModelクラスの操作、Model側から何かを伝えたい場合はイベントを利用します。

▶ Model

Modelにはプログラミングのロジックを記述します。多くのC#コードはModelに記述されます。

MVVMで開発する準備

Xamarin.FormsでMVVMを用いて開発する場合、MvvmLightやPrismといったパッケージを導入すると便利です。今回はPrismを利用した開発について紹介します。

- NuGet Gallery | Prism for Xamarin.Forms 6.3.0
    URL https://www.nuget.org/packages/Prism.Forms/

既存プロジェクトへのPrismの導入

すでに作成済みのプロジェクトへのPrismの導入は、NuGetというパッケージマネージャーを利用します。後述しますが、新規プロジェクトの場合は「Prism Template Pack」を利用するのが便利です。

▶ パッケージマネージャーコンソールの起動

Visual Studio上部メニューバーから[ツール(T)]→[NuGetパッケージマネージャー(N)]→[パッケージマネージャーコンソール(O)]を選択します。

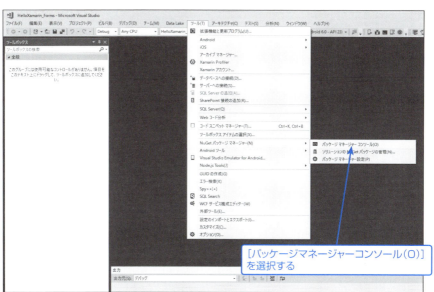

[パッケージマネージャーコンソール(O)]を選択する

■ SECTION-022 ■ MVVMの概要と導入

　Visual Studio中央下部のウィンドウに「パッケージマネージャーコンソール」ウィンドウが表示されます。

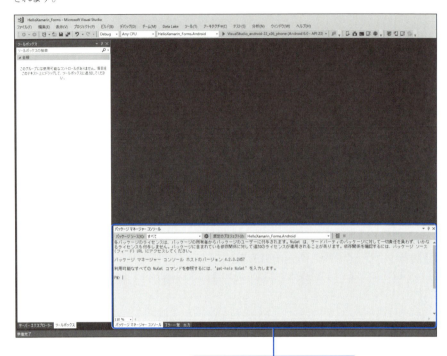

パッケージマネージャーコンソール

▶ Prismのインストール

パッケージマネージャーコンソールに次のコマンドを入力します。

```
Install-Package Prism.Forms
```

新規プロジェクトへのPrism Template Packの導入

　新しく作成するプロジェクトの場合「Prism Template Pack」を利用すると、ある程度ひな形ができた状態で作業を開始しることができます。本書でも「Prism Template Pack」から作成したプロジェクトをもとに解説を行います。

▶ Prism Template Packの導入

　Visual Studioの上部メニューから［ツール（T）］→［拡張機能と更新プログラム（U）］を選択します。

■ SECTION-022 ■ MVVMの概要と導入

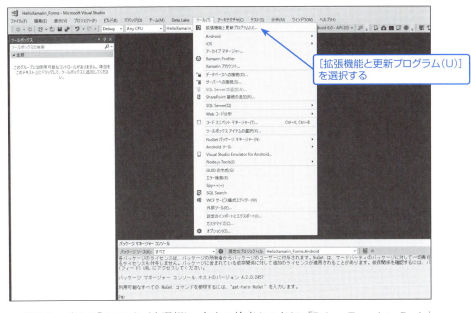

[拡張機能と更新プログラム(U)]を選択する

左側の一覧から「オンライン」を選択し、右上の検索ウィンドウに「Prism Template Pack」と入力します。

中央の検索結果から「Prism Template Pack」の[ダウンロード(D)]をクリックします。

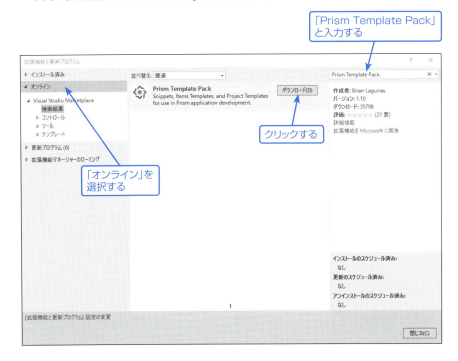

「Prism Template Pack」と入力する

「オンライン」を選択する

クリックする

■ SECTION-022 ■ MVVMの概要と導入

ダウンロード後、一度Visual Studioを閉じると、インストーラーが起動します。

インストーラーに従い、インストールを完了します。

▶プロジェクトの作成

Visual Studioを再起動し、新しいプロジェクトを作成します。

「新しいプロジェクト」ポップアップウィンドウの左側のナビゲーションから「インストール済み」→「Visual C#」→「Prism」を展開し、「Xamarin.Forms」を選択します。中央の一覧から「Prism Unity App(Xamarin.Forms)」を選択し、[名前(N)]にプロジェクト名を入力して、右下の[OK]ボタンをクリックします。

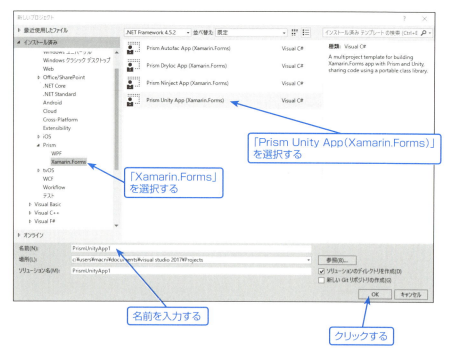

■ SECTION-022 ■ MVVMの概要と導入

「PRISM PROJECT WIZARD」が表示されます。デフォルトのまま[CREATE PROJECT]
ボタンをクリックします。

クリックする

プロジェクトの作成後ソリューションエクスプローラーを確認すると、ViewModelsやViews
といった、先ほど説明したMVVM用のフォルダが作成されていることがわかります。

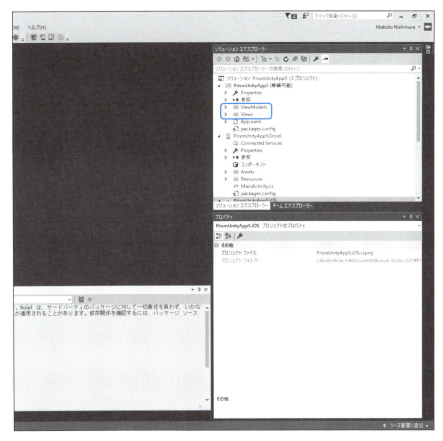

181

SECTION-023

Prismの実装その1

それでは作成したばかりのPrism Template Packプロジェクトを読み解きながら、MVVMについて学んで行きましょう。

■ Prism Template Pack初期プロジェクトの解説

最初に表示されるページ用のXAMLファイルはViewsフォルダ以下にあります。ファイル名はMainPage.xamlという通常のXamarin.Fomrsのプロジェクトと同名のものですが、中身は異なります。

```
<?xml version="1.0" encoding="utf-8" ?>
<ContentPage xmlns="http://xamarin.com/schemas/2014/forms"
             xmlns:x="http://schemas.microsoft.com/winfx/2009/xaml"
             xmlns:prism="clr-namespace:Prism.Mvvm;assembly=Prism.Forms"
             prism:ViewModelLocator.AutowireViewModel="True"
             x:Class="PrismUnityApp1.Views.MainPage"
             Title="MainPage">
  <StackLayout HorizontalOptions="Center" VerticalOptions="Center">
    <Label Text="{Binding Title}" />
  </StackLayout>
</ContentPage>
```

ポイントは2つあります。まず1つは次の箇所です。

```
xmlns:prism="clr-namespace:Prism.Mvvm;assembly=Prism.Forms"
prism:ViewModelLocator.AutowireViewModel="True"
```

ViewModelLocatorはViewに対応するViewModelを扱うクラスでAutowireViewModelプロパティをtrueに設定することで自動でViewModelを設定します。

CHAPTER 05のデータバインディングの項目で次のようにBindingContextにデータバインド対象を代入していたのを思い出してみてください。

```
this.labelText = "Update Text";
this.BindingContext = this;
```

上記のコードではBindingContextに代入しているのは自分自身（this）でしたが、AutowireViewModelプロパティをtrueにすることで自動で「ページ名＋ViewModel」というクラスが割り当てられます。

今回の場合は「MainPageViewModel」です。MainPageViewModelクラスはViewModelsフォルダ以下に配置されています。

もう1つのポイントは次の箇所です。

```
<Label Text="{Binding Title}" />
```

　Labelコントロールは文字を画面に表示するラベルを表すコントロールです。表示する文字はTextプロパティに設定されたデータなのですが、ここでは「{Binding Title}」とデータバインディングを用いています。

　先ほどの「ViewModelLocator.AutowireViewModel="True"」という設定で、BindingContextにはMainPageViewModelが割り当てられましたので、TitleはMainPageViewModelクラスのTitleプロパティということになります。

▶ MainPageViewModel

　MainPageViewModelクラスの記述は次の通りです（一部実装のないメソッドを割愛しています）。

```
public class MainPageViewModel : BindableBase, INavigationAware
{
    private string _title;
    public string Title
    {
        get { return _title; }
        set { SetProperty(ref _title, value); }
    }

    // 省略

    public void OnNavigatedTo(NavigationParameters parameters)
    {
        if (parameters.ContainsKey("title"))
            Title = (string)parameters["title"] + " and Prism";
    }
}
```

　ViewModelはBindableBaseを継承し、INavigationAwareインターフェイスを実装しています。これらについては後ほど紹介します。

　Titleというプロパティを持ち、Titleプロパティのset内でSetPropertyというメソッドが呼び出されています。SetPropertyメソッド内ではPropertyChangedイベントが実行されデータバインディング対象に通知が行われます。通知についてはCHAPTER 05の130ページを参照してください。MainPageViewModelが継承しているBindableBaseはINotifyPropertyChangedを継承し、通知の機能を実装しているのでMainPageViewModel側ではSetPropertyメソッドを呼び出すだけで通知が行われます。

　TitleプロパティのデータはOnNavigatedToメソッドで設定されていることがわかります。

　OnNavigatedToメソッドはページに遷移してきた際に呼び出されるメソッドで、次のようにparametersという引数を受け取ります。

UWPなどの開発経験がある方はOnNavigatedToはMainPage.xamlのコードビハインドであるMainPage.xaml.csに記述していたと思いますが、PrismではViewModelのOnNavigatedToメソッドが呼び出されます。

▶ App.xaml.cs
parametersはApp.xaml.csで次のように渡されています。

```
NavigationService.NavigateAsync("NavigationPage/MainPage?title=Hello%20from%20Xamarin.Forms");
```

App.xaml.csに記述されているAppクラスも通常のXamarin.FomrsではApplicationクラスを継承していましたが、PrismではPrismApplicationクラスを継承しています。

```
public partial class App : PrismApplication
```

ViewとViewModelの関係

XAMLを用いた開発では、ViewはMainPage.xamlのようなXAMLファイルを指します。MainPage.xamlのコードビハインドであるMainPage.xaml.csには記述はほとんど行わず、ViewModelであるMainPageViewModelに行います(ロジックはModelに記述しますが、それは後述します)。

ViewModelのデータはデータバインディングを用いてViewに渡されます。今回の場合はLabelコントロールのTextプロパティがViewModelのTitleというプロパティと紐づけ(バインド)されています。ここで注目したいのはViewModel側はバインドの対象がLabelから文字入力用のEntryコントロールに変更されても影響がないという点です。

```
<StackLayout HorizontalOptions="Center" VerticalOptions="Center">
    <Entry Text="{Binding Title}" />
</StackLayout>
```

逆にViewModelのTitleプロパティをtitleに変更した場合はViewを変更する必要が出ます。このようにViewはViewModelの変更を受け、ViewModelはViewの変更の影響を受けにくいのがMVVMの特徴です。別の表現を用いると、ViewはViewModelにどのようなプロパティがあるか知っている必要があり、ViewModelはViewがどのようにプロパティを利用するか知る必要がないという関係になります。

▶ Command
MVVMではボタンをクリックしたなどのイベントに対する処理はCommandという機能を利用します。

初期状態のプロジェクトを少し改変してCommandを実装してみましょう。MainPage.xamlに次のようにButtonコントロールを追加します。

```
<StackLayout HorizontalOptions="Center" VerticalOptions="Center">
    <Label Text="{Binding Title}" />
    <Button Text="更新します" Command="{Binding UpdateTextCommand}" />
</StackLayout>
```

「Command="{Binding UpdateTextCommand}"」がCommandの記述です。ボタンが押された際にUpdateTextCommandを呼び出します。

UpdateTextCommandはMainPageViewModel.csに記述します。

```
public class MainPageViewModel : BindableBase, INavigationAware
{
    private string _title;
    public string Title
    {
        get { return _title; }
        set { SetProperty(ref _title, value); }
    }

    // テキストを更新するCommand
    // DelegateCommand型
    public DelegateCommand UpdateTextCommand { get; set; }

    public MainPageViewModel()
    {
        // Commandを設定する
        UpdateTextCommand = new DelegateCommand(UpdateText);
    }

    // Commandの実装
    private void UpdateText()
    {
        Title = "テキストを更新";
    }
    // 省略
```

ボタンをクリックすることでUpdateTextCommandが呼び出されます。

UpdateTextCommandには「new DelegateCommand(UpdateText)」とUpdateTextというメソッドを割り当てています。

UpdateTextメソッド内でTextプロパティを変更しているのでバインドしているLabelの値が変更されます。

■ SECTION-023 ■ Prismの実装その1

　このようにMVVMではViewからViewModelへのイベントなどの呼び出しはCommandを持ち、ViewModelからViewへのデータはデータバインディングを用いて通知されます。

Model

　最後にModelについて解説します。Modelはロジックの記述を行う部分です。ViewはViewModelから呼び出され、ViewModelに通知を行い、直接、Viewにデータを渡したり、Viewから呼び出されたりはしません。

　ModelからViewModelへの通知はINotifyPropertyChangedを実装することで行います。PrismではBindableBaseを継承すると通知の記述が簡潔になります（データバインディングの対象ではないのにBindableBaseというクラスを継承するに違和感があるかもしれませんが）。

　たとえば、次のように時間経過を扱うTimerクラスをModelとして用意します。

```
// 時間経過を扱うTimerクラス
class Timer : BindableBase
{
    // TimeStringプロパティ
    // 経過時間を表す文字列
    private string _timeString;
    public string TimeString
    {
        get { return _timeString; }
        set
        {
            _timeString = value;
```

186

```
            OnPropertyChanged();
        }
    }

    // タイマー開始時の時間を保持するフィールド
    private DateTime _startTime;

    public void StartTimer()
    {
        _startTime = DateTime.Now;

        // 一定時間ごとに処理を行う
        Device.StartTimer(
            TimeSpan.FromSeconds(1),
            () =>
            {
                // タイマー開始からの経過時間を求める
                var past = (DateTime.Now - _startTime).TotalSeconds;

                TimeString = past.ToString();

                return true;
            }
        );

    }
}
```

ViewModelからStartTimerメソッドを呼び出されることで処理を開始し、時間の変更はOnPropertyChangedメソッドで通知します。

ViewModelの関連した部分のコードは次の通りです。

```
Timer _timer = new Timer();

// Timerを開始するコマンド
public DelegateCommand StartTimerCommand { get; set; }

public MainPageViewModel()
{
    // Commandを設定する
    StartTimerCommand = new DelegateCommand(StartTimer);
}

// Timerの通知ごとにTitleプロパティを更新する
private void _timer_PropertyChanged(object sender,
                      System.ComponentModel.PropertyChangedEventArgs e)
```

■ SECTION-023 ■ Prismの実装その1

```
{
    Title = _timer.TimeString;
}

// Commandの実装
private void StartTimer()
{
    // 通知を受け取るイベントハンドラーをセット
    _timer.PropertyChanged += _timer_PropertyChanged;

    // Timerを開始する
    _timer.StartTimer();
}
```

　ViewModelはViewからのCommand（StartTimerCommand）を受けてModel（Timerクラス）のStartTimerメソッドを呼び出しました。Modelの値の変更はPropertyChangedイベントにハンドラーを設定することで通知を受け取ります。

　ViewModelとModelはそれぞれ、ViewModelはModelの呼び出し（StartTimer）や通知の受け取り方を知っている必要がありますが、Model側はViewModelがどのような処理を行うかは考慮しない（ViewModelの変更の影響を受けにくい）という関係になるのが理想です。

SECTION-024

Prismの実装その2

　Prismを利用したサンプルをもう1つ作成してみましょう。今回は画像を選択して表示するというサンプルを作成してみます。

　ここで作成するサンプルではiOS、Android固有の機能である画像を選択する部分を公開されているPluginを使うことで共通化しています。

■ Media Plugin for Xamarin and Windows

　画像を選択する処理は「Media Plugin for Xamarin and Windows」を利用します。本書執筆時点の安定板のバージョンは2.6.2です。

▶ Media Pluginの導入

　「ImagePickerSample」というプロジェクトを「Prism Unity App」テンプレートから作成します。Prism Unity Appテンプレートの導入については178ページを参照ください。

　上部メニューの[ツール(T)]→[NuGetパッケージマネージャー(N)]→[ソリューションのNuGetパッケージの管理(N)]を選択します。

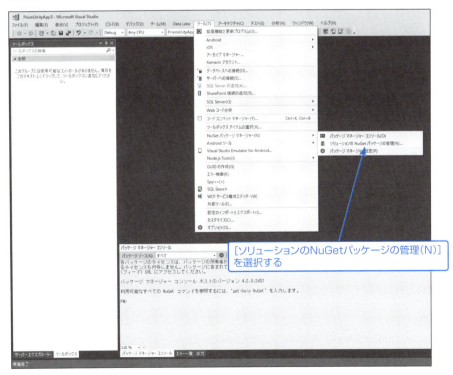

[ソリューションのNuGetパッケージの管理(N)]を選択する

　「参照」タブをクリックし、検索ウィンドウに「Xam.Plugin.Media」と入力します。

■ SECTION-024 ■ Prismの実装その2

「Xam.Plugin.Media」を選択し、右側の一覧からすべてのプロジェクトをONにして、[インストール]ボタンをクリックします。

▶ 権限の設定

　readme.txtが開かれるので、内容に従ってiOS、Androidで画像を扱うための権限を設定します。

　Androidの場合はMainActivity.csのMainActivityクラスに次のメソッドを追記します。

```
public override void OnRequestPermissionsResult(int requestCode, string[] permissions,
                                                Permission[] grantResults)
{
    PermissionsImplementation.Current.OnRequestPermissionsResult(requestCode,
                                                permissions, grantResults);
}
```

iOSの場合はInfo.plistファイルを開いてdictタグの最後に次のタグを追加します。

```
<key>NSCameraUsageDescription</key>
<string>This app needs access to the camera to take photos.</string>
<key>NSPhotoLibraryUsageDescription</key>
<string>This app needs access to photos.</string>
<key>NSMicrophoneUsageDescription</key>
<string>This app needs access to microphone.</string>
```

これで画像を選択するための設定は完了です。

筆者の環境ではMedia Plugin for Xamarin and Windowsを入れた際にうまく動作せず、一度アンインストールして、再度インストールすることでうまく動作しました。同様の状態になった場合は試してみてください。

以下、コードのポイントを抜粋して紹介します。全文はサンプルプロジェクトを開いて確認ください。

▶ Commandの呼び出し

MainPageViewModel.csに次のCommandを追加します。

```
public DelegateCommand selectImageCommand { get; set; }


// Commandの実装
private async void selectImage()
{
    if (CrossMedia.Current.IsPickPhotoSupported)
    {
        this._photo = await CrossMedia.Current.PickPhotoAsync();
        this.imageSource = ImageSource.FromStream(() => this._photo.GetStream());
    }
}
```

CrossMedia.Current.IsPickPhotoSupportedでこの環境が画像のピッカーを利用可能か確認しています。

画像の取得はPickPhotoAsyncメソッドで行います。メソッドを実行すると、iOS、Android各プラットフォームの画像選択画面が表示されます。

■ SECTION-024 ■ Prismの実装その2

　Androidエミュレーターを利用する場合は事前にカメラ機能から画像を作成しておいてください。
　画像を選択すると、それぞれ選択した画像が画面に表示されます。
　Pluginを利用すれば本来、それぞれに分けて処理を記述する必要がある固有の機能呼び出しも、このように共通プロジェクトのMainPageViewModelに記述するだけで済みます。
　MVVMという視点では、画像を選択する処理はモデルを作成すべきかもしれませんが、本書では可読性と数行のコードなのでViewModelに記述しています。

SECTION-025

Prismの実装その3

Prismを用いたアプリケーションを最後にもう1つ作成します。

今回のアプリケーションではインターネット経由で取得したブログのRSSデータのXMLを解析して記事の一覧ページと詳細ページを作成します。今時、RSSは少し古いかもしれませんが、一覧ページと詳細ページを持ったアプリケーションでは定番の構成を学ぶのにちょうどよい素材です。

●一覧ページ   ●詳細ページ

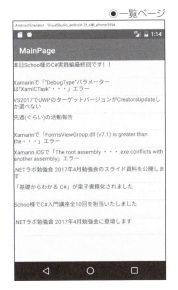 

178ページと同様の手順で「RssXamarinSample」というプロジェクトを作成したものとして進めます。

HTTP通信を行う

Xamarin.Formsで共通部分をPCLで作成している場合にHTTP通信でRSSのデータを取得するには、「Microsoft HTTP Client Libraries」を利用するのが便利です。

Microsoft HTTP Client Librariesはパッケージマネージャーコンソールから次のコマンドを入力することで導入します。

```
Install-Package Microsoft.Net.Http -Version 2.2.29
```

最後のバージョンの数字は利用する時期によって異なる可能性があります。詳しくは下記のURLを参照ください。

- NuGet Gallery | Microsoft HTTP Client Libraries 2.2.29
    URL https://www.nuget.org/packages/Microsoft.Net.Http

■ SECTION-025 ■ Prismの実装その3

　HTTP通信を行っている部分はサンプルのViewModelsフォルダ内のMainPageViewModel.csのOnNavigatedToメソッドの次の部分です。

```
// HTTP通信を行うためのHttpClientクラスを用意する
var httpClient = new HttpClient();

// Stream形式でRSSデータを取得する
var response = await httpClient.GetStreamAsync("http://coelacanth.jp.net/feed/rss");

StreamReader stream = new StreamReader(response);
```

　HTTP通信にはHttpClientクラスを利用します。GetStreamAsyncメソッドは引数に渡したURLのサイトのデータをStream形式で取得できます。
　今回は筆者のブログのRSSフィードを取得することにします。

XMLを解析する

　取得したXMLデータから記事のタイトルと説明を取り出します。
　RSSフィードの内容は大まかに次のような構造になっているものとします。

```
<item>
    <title>記事1のタイトル</title>
    <description>記事1の説明</description>
</title>
<item>
    <title>記事2のタイトル</title>
    <description>記事2の説明</description>
</title>
<item>
    <title>記事3のタイトル</title>
    <description>記事3の説明</description>
</title>
```

　このようなXMLで書かれた文字列からデータを取得するには次のようにXmlReaderクラスを利用します。

```
XmlReader reader = XmlReader.Create(stream);

while (reader.Read())
{
    // 要素なら処理を行う
    if (reader.NodeType == XmlNodeType.Element)
    {
        if (reader.Name == "item")
        {
            Article article = new Article();
```

```
            reader.ReadToDescendant("title");
            article.title = reader.ReadElementContentAsString();

            reader.ReadToNextSibling("description");
            article.description = reader.ReadElementContentAsString();

            this.articleList.Add(article);

        }
    }
}
```

 XmlReaderのReadメソッドで次々と呼び出し、ノードタイプがElement（itemやtitleといった要素）であった場合に処理を進めます。
 titleとdescription要素の情報を取得して次のようなArticleクラスに代入します。

```
public class Article
{
    public string title { get; set; }

    public string description { get; set; }
}
```

■ データをListViewに表示する

 Articleクラスの集合をListViewコントロールにデータバインドして表示します。ListViewコントロールはMainPage.xamlに次のように定義されています。

```
<ListView x:Name="listView" ItemsSource="{Binding articleList}">

    <ListView.Behaviors>
        <behaviors:ListViewSelectedItemBehavior Command="{Binding listViewChangeCommand}" />
    </ListView.Behaviors>

    <ListView.ItemTemplate>
        <DataTemplate>
            <ViewCell>
                <Label Text="{Binding Path=title}" />
            </ViewCell>
        </DataTemplate>
    </ListView.ItemTemplate>
</ListView>
```

 ListView.Behaviorsについてはこの後、紹介します。
 バインド対象のarticleListは通知可能なObservableCollectionを利用しています。

```
public ObservableCollection<Article> articleList { set; get; }
```

ListViewを選択した際のイベントを設定する

　ListViewに表示した記事のタイトル一覧から1つを選択した際にページ遷移を行い、その記事の詳細ページに遷移するという処理を行います。

　MVVMで作成する場合にイベントハンドラーはCommandという機能を利用すると説明しました。Buttonコントローラーがクリックされた場合は次のようにCommandを指定することができました。

```
<Button Text="更新します" Command="{Binding UpdateTextCommand}" />
```

　しかし、ListViewのアイテムが選択された際のItemSelectedにはButtonのようにCommandがありません。このような場合にCommandを利用するためにBehaviorという機能を利用します。
　XAML側では次のようにBehaviorを指定します。

```
<ListView x:Name="listView" ItemsSource="{Binding articleList}">

    <ListView.Behaviors>
        <behaviors:ListViewSelectedItemBehavior Command="{Binding listViewChangeCommand}" />
    </ListView.Behaviors>

    <ListView.ItemTemplate>
        <DataTemplate>
            <ViewCell>
                <Label Text="{Binding Path=title}" />
            </ViewCell>
        </DataTemplate>
    </ListView.ItemTemplate>
</ListView>
```

　「ListView.Behaviors」タグで指定した部分が使用するとBehaviorとCommandの指定です。
　BiehaviorはBehaviorsフォルダ内のListViewSelectedItemBehavior.csに記述されています。概要を説明すると、Behaviorが対象のコントロールに接続された際にOnAttachedToイベントハンドラーが、切断された際にOnDetachingFromイベントハンドラーが呼び出されるので、そこでListViewの拡張を行っています。

```
protected override void OnAttachedTo(ListView argTarget)
{
    base.OnAttachedTo(argTarget);

    this.target = argTarget;

    argTarget.BindingContextChanged += OnBindingContextChanged;
    argTarget.ItemSelected += OnListViewItemSelected;
}
```

```
protected override void OnDetachingFrom(ListView argTarget)
{
    base.OnDetachingFrom(argTarget);

    argTarget.BindingContextChanged -= OnBindingContextChanged;
    argTarget.ItemSelected -= OnListViewItemSelected;

    this.target = null;
}
```

　それぞれ引数に拡張する対象のコントロールであるListViewを受け取ります。

　BindingContextChangedはデータバインドの内容が変更され際に呼び出されるイベントを、ItemSelectedはListViewのアイテムが選択された際に呼び出されるイベントを指定しています。

　このBiehaviorにはCommandPropertyというBindableProperty型のプロパティがあります。BindableProperty型とは文字通りデータバインドが可能なプロパティという意味です。

```
public static readonly BindableProperty CommandProperty =
    BindableProperty.Create("Command", typeof(ICommand),
                            typeof(ListViewSelectedItemBehavior), null);
```

　ItemSelectedに指定したイベントハンドラー内では次のようにCommandを呼び出しています。

```
void OnListViewItemSelected(object sender, SelectedItemChangedEventArgs e)
{
    if (Command == null)
    {
        return;
    }

    Article article = (sender as ListView).SelectedItem as Article;

    if (Command.CanExecute(article))
    {
        Command.Execute(article);
    }
}
```

ページ遷移を行う

　MVVMを利用しない場合、ページ遷移はコードビハインド(xaml.cs)の機能を利用していましたが、MVVMではコードビハインドを利用しないため、別の仕組みが必要になります。PrismはViewModelからのページ遷移指定に対する機能がありますので、それを利用します。

　App.xaml.csファイルで次のようにページ遷移を行うページを指定しています。

```
protected override void RegisterTypes()
{
    Container.RegisterTypeForNavigation<NavigationPage>();
    Container.RegisterTypeForNavigation<MainPage>();
    Container.RegisterTypeForNavigation<DetailPage>();
}
```

　この指定を行うとViewModelのコンストラクタで次のようにINavigationService型のインスタンスを受け取れるようになります。

```
public MainPageViewModel(INavigationService navigationService)
{
```

　下記がCommandの実装です。NavigateAsyncを利用して別のページに遷移を行います。

```
public DelegateCommand<Article> listViewChangeCommand { get; set; }

private void listViewChange(Article article)
{
    NavigationParameters param = new NavigationParameters();
    param.Add("article", article);

    this.navigationService.NavigateAsync("DetailPage", param);
}
```

CHAPTER 08

便利な機能と
エラーへの対処法

SECTION-026
Visual Studioの上位エディションで利用できる機能とプレビュー版の機能について

ここでは、これまで説明してきたことの補足としてVisual Studioの上位エディションのみ利用できる機能や、今後追加されるであろう機能について簡単に紹介します。

Visual Studioの上位エディションで有効な機能

XamarinはVisual Studioのライセンス含まれるようになったため、Visual Studio Communityエディションが利用可能な環境であれば、Xamarinもほぼすべての機能が利用できます。一部、Visual Studioの上位エディションでしか利用できない機能もあります。

なお、Visual Studioの機能は当初、上位エディションのみで利用可能だったものが、バージョンが上がるとそれ以外のエディションなどで利用可能になるという傾向があります。

▶ Remoted iOS Simulator

Visual Studio（for Macを除く）からiOSアプリケーションをデバッグした場合、Mac上のiOSシミュレーターが起動してデバッグが開始されます。そのため、シミュレーターを操作するにはMacが側で操作する必要がありますが、Remoted iOS Simulatorを利用するとWindows側でシミュレーターが起動します。

機能としてRemoted iOS Simulatorでないと実現できないものなどはありませんが、作業効率は向上します。

● Remote iOS Simulator
　URL https://developer.xamarin.com/guides/cross-platform/windows/ios-simulator/

Remoted iOS Simulatorは本書執筆時点ではEnterpriseエディション以上で利用可能な機能です。

▶ Xamarin Profiler

　Xamarin Profilerはメモリの使用量などのプロファイリングを行う機能です。負荷の高いアプリケーションで思ったようなパフォーマンスが発揮できないような場合に便利なツールです。

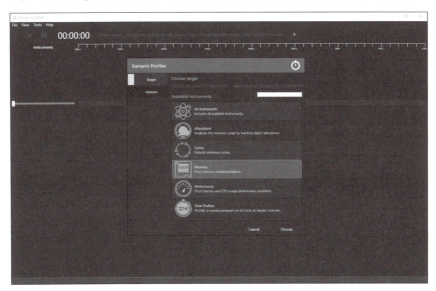

　Xamarin Profilerも本書執筆時点ではEnterpriseエディション以上で利用可能な機能です。

プレビュー版にある機能

　ここでは、プレビュー版にあるXamarin Live Playerという機能を紹介します。ただし、ここで紹介している内容も本書の発売時期には古いものになっている可能性が高いため、興味が持たれた方は各自で最新の情報にWebなどからアクセスしてください。

▶ Xamarin Live Player

　Xamarin Live Playerはプレビュー版ではありますが、iOSアプリケーションのデバッグにMacが不要になるツールです。

　Visual StudioからiOSを搭載した実機（またはAndroid実機）にインストールした専用アプリケーション上で開発中のアプリケーションを動かすという仕組みです。先ほども述べましたが、iOSのアプリケーションを開発する際にMacがなくても動作を確認することができます。ただし、ストアに公開するためのアプリケーションンのパッケージを作成するためにはMacが必要になります。

　詳しくは次のURLを参照ください。

- Xamarin Live Player
  URL https://www.xamarin.com/live

　本書執筆時点ではXamarin Live Playerを利用するためにはVisual Studio Previewが必要です。

- プレリリース版 Visual Studio 2017 | Visual Studio プレビュー
  URL https://www.visualstudio.com/ja/vs/preview/

SECTION-027

エラーが出る場合の対処法

　Xamarinは新機能などの更新が速く勢いのあるプラットフォームです。そのせいか「バージョンアップをしたらプロジェクト作成でエラーがでる」というエラーもよく起きます。このような場合の対応を筆者の経験からいくつか紹介します。

▌アップデートをチェックする

　最近、Visual Studioの更新でXamarinのバージョンが上がった直後の場合は、それが原因でエラーがでることがあります。
　このような場合にXamarinに習熟していないとエラーの原因を自分で追うのは困難なので、Webサイトなどで検索してみましょう。英語サイトになることもありますが、多くの場合に解決策が見つかるでしょう。

▌各種バージョンを合わせる

　Android SDK、MacにインストールしたXamarinのバージョン、Visual Studioのバージョンが異なる場合にエラーが出ることがあります。Windowsで主に作業を行っている場合などは、Mac側の更新を行っていないということがよくあります。これらバージョンを最新に合わせてみると解決することがあります。

▌一度、クリーンを行い、再度、デバッグを行う

　Visual Studio上部メニューの［ビルド（B）］から［ソリューションのクリーン（C）］を行ってから再度、ビルドを行うとうまくいくことがあります。エミュレーターなどが起動はするがアプリケーションがデバッグ実行されない場合などもこれでうまくいくことがあります。

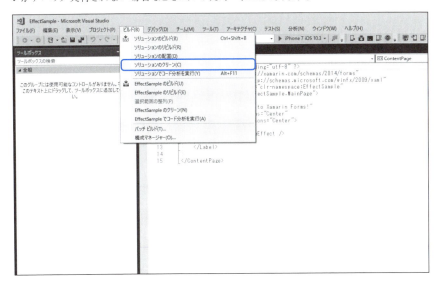

■ SECTION-027 ■ エラーが出る場合の対処法

▌Android SDKを確認する

　すでにAndroidの開発環境を構築していた環境にVisual StudioをインストールするとAndroid SDKが別の場所に存在することがあります。

　そのような場合はVisual Studioの上部メニューの［ツール（T）］→［オプション］からオプションウィンドウを開き、左側のナビゲーションから「Xamarin」→「Androidの設定」と展開し、Android SDKの位置などを確認しましょう。意図しないパスになっている可能性があります。

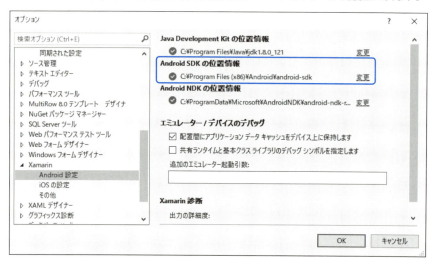

INDEX

記号・数字

:	34
'	29
"	29
[	91
[]	34
<!-- ～ -->	126
.NET Framework	12

A・B・C

AbsoluteLayout	144
AbsoluteLayout.LayoutBounds	145
Activity	92
ActivityAttribute	91
ActivityIndicator	149
AMD-V	88
Android SDK	84,204
API	11
AppDelegate	59
AppDelegate.cs	59
Apple ID	46,70,73
App.xaml	114
App.xaml.cs	115,184
async-await	38
AutowireViewModel	182
Background	62
Behavior	196
BindableBase	186
BindableObject型	134
BindableProperty型	134
BindingContext	129
bool型	29
BoxView	149
Button	53,150
C#	10,12,28
char型	29
Children	140
class	31
Class	61
Color	150
Command	184,191
Constant	148
ConstraintExpression	148
ContentProperty	125
CrossMedia.Current.IsPickPhotoSupported	191
Custom Renderer	165

D・E・F・G

DatePicker	151
Default	133
DependecyService	170
Dependency	171
Device.OnPlatform	160
dictタグ	191
DidEnterBackground	63
double型	28
dynamic	30
Effect	161
Entry	152
ExportEffect	162
ExportRenderer	166
Factor	148
false	29
FinishedLaunching	62
float型	28
for	36
foreach	37
Foreground	62
Grid	140
Grid.Column	142
Grid.Row	142

H・I・J・L

Hello World	48,85,107
HorizontalOptions	126
HttpClient	194
HTTP通信	193
Hyper-V	88
if	35
ifディレクティブ	173
Image	152
Image View	66
ImageView	100
INavigationAware	183
Info.plist	60,80,191
INotifyPropertyChanged	130,186
Intel-VT-x	88
internal	32
int型	28
iOS SDK	40
IsRunning	149
JDK	84
Label	53,153
LayoutFlags	146
ListView	153,195

M・N

Mac	40
MainActivity	92
MainActivity.cs	90,98,101
Main.axml	87,92,100
Main.cs	59
MainPageViewModel	183,184
MainPage.xaml	111,115,182
MainPage.xaml.cs	112,115
Main.storyboard	52,61
Media Plugin for Xamarin and Windows	189
Microsoft HTTP Client Libraries	193
Microsoftアカウント	17
Model	177,186
MVVM	176
Name	53
Navigation Controller	64
NavigationPage	120

205

INDEX

Not running ……………………………… 62
NuGet ………………………………… 177

O・P・R

object型 ………………………………… 29,31
OnActivated …………………………… 62,63
OnAttached …………………………… 161,162
OnDetached …………………………… 161,162
OnElementChanged …………………… 167
OnElementPropertyChanged ………… 167
OneWay ………………………………… 133
OneWayToSource ……………………… 133
OnNavigatedTo ………………………… 183,194
OnResignActivation …………………… 63
Orientation …………………………… 138
partial ………………………………… 63
Picker …………………………………… 154
PickPhotoAsync ……………………… 191
PlatformEffect ………………………… 161,162
Plugins ………………………………… 173
Prism …………………………………… 177
PrismApplication ……………………… 184
Prism Template Pack ………………… 178
Prism Unity App ……………………… 180
private ………………………………… 32
ProgressBar …………………………… 155
Property ……………………………… 148
protected ……………………………… 32
protected internal …………………… 32
public ………………………………… 32
RelativeLayout ………………………… 147
RelativeLayout.WidthConstraint ……… 148
Remoted iOS Simulator ……………… 200
ResolutionGroupName ………………… 162
Resourcesフォルダ …………………… 67
RoutingEffect ………………………… 161
RSSデータ ……………………………… 193

S・T・U

Sharedプロジェクト …………………… 173
Slider …………………………………… 155
StackLayout …………………………… 112,138
storyboard …………………………… 11
Strings.xml …………………………… 94
string型 ………………………………… 29
switch ………………………………… 36
Switch ………………………………… 156
Text …………………………………… 126
TimePicker …………………………… 151
true …………………………………… 29
try-catch ……………………………… 35
TwoWay ………………………………… 133
Type …………………………………… 148
UIButton ……………………………… 54
uint型 …………………………………… 28
Universal Windows Platform ………… 11
using句 ………………………………… 31,91
UWP …………………………………… 11,27,108

V・W・X

VerticalOptions ………………………… 126
View …………………………………… 176,184
ViewController.cs ……………………… 56,61,63
ViewController.designer.cs …………… 54,61,63
ViewModel ……………………………… 177,184
Visual Studio ………………… 10,12,13,14,19,
21,25,76,200
Visual Studio 2017 Communityエディション
…………………………………………… 13
Visual Studio Emulator for Android ……… 94
Visual Studio for Mac ………………… 41
WebView ……………………………… 157
Webサイト ……………………………… 157
while …………………………………… 37
WillEnterForeground ………………… 63
WillTerminate ………………………… 63
WPF …………………………………… 11
Xamarin ……………………………… 10
Xamarin.Android ……………………… 11,84,85
Xamarin.Forms ………………………… 11,106,107
Xamarin.iOS …………………………… 11,40,48
Xamarin Live Player ………………… 202
Xamarin Macエージェント ……………… 23,49
Xamarin Profiler ……………………… 201
Xamarinネイティブ …………………… 11,40
XAML …………………………………… 11,106,124
Xcode ………………………………… 40,41,70
xml …………………………………… 11
XML …………………………………… 193,194
XmlReader …………………………… 194

あ行

アカウント ……………………………… 46
アクティブ ……………………………… 62
新しい項目 …………………………… 95,97,117
アップデート …………………………… 203
アプリケーション名 …………………… 60
移植 …………………………………… 11
一覧 …………………………………… 153
イベント ……………………………… 37,53
入れ子 ………………………………… 124
インストール …………………………… 14,15
インターフェイス ……………………… 170
エディション …………………………… 13
エディター ……………………………… 26
エミュレーター ………………………… 87
エラー ………………………………… 203
エラー一覧 …………………………… 27
エントリーポイント …………………… 59
オブジェクト指向言語 ………………… 31

か行

開始タグ ……………………………… 124
開発環境 ……………………………… 12
開発者サービス ……………………… 17
画像 …………………………………… 66,152
仮想化ハードウェア拡張 ……………… 88

INDEX

型 …………………………………… 28
型推論 ……………………………… 30
カメラ ……………………………… 100
画面構成 …………………………… 25
画面の作り分け …………………… 160
起動 ………………………………… 19
キャスト …………………………… 30
クラス …………………………… 31,126
クラス名 …………………………… 31
繰り返し処理 ……………………… 36
グリッド …………………………… 140
クロスプラットフォーム開発 …… 10
継承 ……………………………… 34,92
権限 ………………………………… 190
公開範囲 …………………………… 32
コードの作り分け ………………… 170
コードの表示 ……………………… 92
コードビハインド ………………… 127
コメント …………………………… 126
コレクション ……………………… 30
コントロール ……………………… 12

さ行

四角形 ……………………………… 149
時刻 ………………………………… 151
実機 …………………………… 70,76,89
シミュレーター …………………… 200
終了タグ …………………………… 124
出力 ………………………………… 27
条件分岐 …………………………… 35
処理の進捗 ………………………… 155
真偽値 ……………………………… 29
スイッチ …………………………… 156
スタートアッププロジェクトに設定 …… 110
スタック …………………………… 138
ストーリーボードファイル ……… 61
整数 ………………………………… 28
静的型付け言語 …………………… 28
絶対座標 …………………………… 144
遷移 ………………………… 64,95,117,198
選択肢 ……………………………… 154
増減 ………………………………… 155
相対的 ……………………………… 147
属性 …………………………… 34,91,126
疎結合 ……………………………… 128
ソリューションエクスプローラー …… 26
ソリューションのNuGetパッケージの管理 …… 189
ソリューションのクリーン ……… 203

た行

ダウンロード ……………………… 14
タグ ………………………………… 124
通知 …………………………… 130,186
ツールバー ………………………… 25
ツールボックス …………………… 52
データバインディング ………… 128,132
デバッグ ……………… 57,70,76,81,89,110
デバッグの開始 ………………… 57,89

デバッグの停止 …………………… 57
デリゲートクラス ………………… 59
テンプレート ……………………… 22

な行

名前空間 …………………………… 126
ネイティブUI ……………………… 11
ネイティブ開発 …………………… 11

は行

バー ………………………………… 120
バージョン …………………… 60,203
配列 ………………………………… 30
橋渡し ……………………………… 177
バックグラウンド ………………… 62
バックグランド …………………… 59
パッケージ ………………………… 177
パッケージマネージャー ………… 177
非アクティブ ……………………… 62
引数 ………………………………… 34
ピッカー …………………………… 191
日付 ………………………………… 151
非同期処理 ………………………… 38
フィールド ……………………… 31,32
フォアグラウンド ………………… 62
フォーム …………………………… 152
プロジェクト ……………………… 21
プロパティ ……………………… 31,33
プロファイリング ………………… 201
ページファイル …………………… 117
変数 ………………………………… 32
ボタン …………………………… 52,150

ま行

マークアップ拡張 ………………… 126
見た目 ……………………………… 176
密結合 ……………………………… 128
メソッド ………………………… 32,34
メニューバー ……………………… 25
文字 ……………………………… 29,153
文字列 ……………………………… 29

や行

有効桁数 …………………………… 28
要素 ……………………………… 124,126

ら行

ライフサイクル …………………… 62
ライブラリ ………………………… 173
ラベル ……………………………… 52
リモートログイン ………………… 44
レイアウト ………………………… 137
例外 ………………………………… 35
ローカル変数 ……………………… 32
ローディング ……………………… 149
ロジック ……………………… 61,177

207

■著者紹介

西村 誠（にしむら まこと）

フリーランスのプログラマー兼ライター。
Windows Phone、Windowsストアアプリをこよなく愛する。
Microsoft MVP for Windows Platform Development。
「Windows Phoneハンズオン in 広島コミュニティ」でWindowsストアアプリ、Windows Phoneの勉強会を開催中。
国産ECサイト構築フレームワーク「EC-CUBE」の公式エバンジェリスト。
EC-CUBEに関連するWindowsストアアプリ「ShopBank」「トレトレ」「EC-CUBE大全」などを公開中。

ブログ：眠るシーラカンスと水底のプログラマー
http://coelacanth.jp.net/

編集担当：吉成明久 / カバーデザイン：秋田勘助（オフィス・エドモント）
写真：©scanrail - stock.foto

● **特典がいっぱいのWeb読者アンケートのお知らせ**

C&R研究所ではWeb読者アンケートを実施しています。アンケートにお答えいただいた方の中から、抽選でステキなプレゼントが当たります。詳しくは次のURLのトップページ左下のWeb読者アンケート専用バナーをクリックし、アンケートページをご覧ください。

C&R研究所のホームページ http://www.c-r.com/

携帯電話からのご応募は、右のQRコードをご利用ください。

基礎から学ぶ Xamarin プログラミング

2017年8月1日　初版発行

著　者	西村誠
発行者	池田武人
発行所	株式会社　シーアンドアール研究所 新潟県新潟市北区西名目所 4083-6（〒950-3122） 電話　025-259-4293　　FAX　025-258-2801
印刷所	株式会社　ルナテック

ISBN978-4-86354-224-2　C3055
©Nishimura Makoto, 2017　　　　　　　　　Printed in Japan

本書の一部または全部を著作権法で定める範囲を越えて、株式会社シーアンドアール研究所に無断で複写、複製、転載、データ化、テープ化することを禁じます。

落丁・乱丁が万が一ございました場合には、お取り替えいたします。弊社までご連絡ください。